油库技术与管理系列丛书

油库自动化与信息化管理

马秀让　王立明　主编

石油工业出版社

内 容 提 要

　　本书简要介绍了油库自动化与信息化管理的基本知识，主要内容包括油库自动化与信息化概述、石油仓储物联网系统、自动控制系统、信息系统、安全监控及通信系统、常用仪表及其维护检修、自动化与信息化教育训练与演习等。

　　本书可供油料系统各级管理者、油库业务技术干部及油库一线操作人员阅读使用，也可供油库工程设计与技术人员和相关院校师生参阅。

图书在版编目（CIP）数据

　　油库自动化与信息化管理/马秀让，王立明主编．
—北京：石油工业出版社，2017.4
　　（油库技术与管理系列丛书）
　　ISBN 978-7-5183-1792-9

　　Ⅰ．①油…　Ⅱ．①马…　②王…　Ⅲ．①油库–管理信息系统　Ⅳ．①TE972

　　中国版本图书馆 CIP 数据核字（2017）第 029380 号

出版发行：石油工业出版社
　　　　　（北京安定门外安华里 2 区 1 号　　100011）
　　　　　网　　址：www.petropub.com
　　　　　编辑部：（010）64523583　图书营销中心：（010）64523633
经　　销：全国新华书店
印　　刷：北京中石油彩色印刷有限责任公司

2017 年 4 月第 1 版　2017 年 4 月第 1 次印刷
710×1000 毫米　开本：1/16　印张：12
字数：230 千字

定价：52.00 元
（如出现印装质量问题，我社图书营销中心负责调换）

序一

读完摆放在案头的《油库技术与管理系列丛书》，平添了几分期待，也引发对油库技术与管理的少许思考，叙来共勉。

能源是现代工业的基础和动力，石油作为能源主力，有着国民经济血液之美誉，油库处于产业链的末梢，其技术与管理和国家的经济命脉息息相关。随着世界工业现代化进程的加快及其对能源需求的增长，作为不可再生的化石能源，石油已成为主要国家能源角逐的主战场和经济较量的战略筹码，甚至围绕石油资源的控制权，在领土主权、海洋权益、地缘政治乃至军事安全方面展开了激烈的较量。我国政府审时度势，面对世界政治、经济格局的重大变革以及能源供求关系的深刻变化，结合我国能源面临的新问题、新形势，提出了优化能源结构、提高能源效率、发展清洁能源、推进能源绿色发展的指导思想。在能源应急储备保障方面，坚持立足国内，采取国家储备与企业储备结合、战略储备与生产运行储备并举的措施，鼓励企业发展义务商业储备。位卑未敢忘忧国。石油及其成品油库，虽处在石油供应链的末梢，但肩负上下游生产、市场保供的重担，与国民经济高速、可持续发展息息相关，广大油库技术与管理从业人员使命光荣而艰巨，任重而道远。

油库技术与管理包罗万象，工作千头万绪，涉及油库建设与经营、生产与运行、安全与环保等方方面面，其内涵和外延也随着社会的转型、能源结构及政策的调整、国家法律和行业法规的完善，以及互联网等先进技术的应用而与时俱进、日新月异。首先，随着中国社会的急剧转型，企业不仅要创造经济利润，还须承担安全、环保等社会责任。要求油库建设依法合规，经营管理诚信守法，既要确保上游平稳生产和下游的稳定供应，又要提供优质保量的产品和服务。而易燃、易爆、易挥发是石油及其产品的固有特性，时刻威胁着油库的安全生产，要求油库不断通过技术改造、强化管理，提高工艺技术，优化作业流程，规范作业行为，强化设备管理，持续开展隐患排查与治理，打造强大作业现场，实现油库的安全平稳生产。其次，随着国家绿色低碳新能源战略的实施及社会公民环保意识的提升，要求油库采用节能环保技术和清洁生产工艺改造传统工艺技术，降低油品挥发和损耗，创造绿色环保、环境友好油库；另外，随着成品油流通领域竞争日趋激烈，盈利空间、盈利能力进一步压缩，要求油库持续实施专业化、精细化管理，优化库存和劳动用工，实现油库低成本运作、高效率运行。人无远虑必有近忧。随着国家能源创新行动计划的实施，可再生能源技术、通信技术以及自动控制技术快速发展，依托实时高速的双向信息数据交互技术，以电能为核心纽带，涵盖煤炭、石油多类型能源以及公路和铁路运输等多形态网络系统的新型能源利用体系——能源互联网呼之欲出，预示着我国能源发展将要进入一个全新的历史阶段，通过能源互联网，推动能源生产与消费、结构与体制的链式变革，冲击传统的以生产顺应需求的能源供给模式。在此背景下，如何提升油库信息化、自动化水平，探索与之相融合的现代化油库经营模式就成为油库技术与管理需要研究的新课题。

这套丛书，从油库使用与管理的实际需要出发，收集、归纳、整理了国内外大量数据、资料，既有油库生产应知应会的理论知识，又有油库管理行之有效的经验方法，既涉及油库"四新技术"的推广应用，又收纳了油库相关规范标准的解读以及事故案例的分析研究，涵盖了油库建设与管理、生产与运行、工艺与设备、检修与维护、安全与环保、信息与自动化等方方面面，具有较强的知识性和实用性，是广大油库技术与管理从业人员的良师益友，也可作为相关院校师生和科研人员的学习和参考素材，必将对提高油库技术与管理水平起到重要的指导和推动作用。希望系统内相关技术和管理人员能从中汲取营养并用于工作，提升油库技术与管理水平。

中国石油副总裁　周景惠

2016 年 5 月

序二

　　油库是储存、输转石油及其产品的仓库，是石油工业开采、炼制、储存、销售必不可少的中间重要环节。油库在整个销售系统中处在节点和枢纽的位置，是协调原油生产、加工、成品油供应及运输的纽带，是国家石油储备和供应的基地，它对于保障国防安全、促进国民经济高速发展具有相当重要的意义。

　　在国际形势复杂多变的当今，在国际油价涨落难以预测的今天，多建油库、增加储备，是世界各国采取的对策；管好油库、提高其效，是世界各国经营之道。

　　国家战略石油储备是政府宏观市场调控及应对战争、严重自然灾害、经济失调、国际市场价格的大幅波动等突发事件的重要战略物质手段。西方国家成功的石油储备制度不仅避免因突发事件引起石油供应中断、价格的剧烈波动、恐慌和石油危机的发生，更对世界石油价格市场，甚至是对国际局势也起到了重要影响。2007 年 12 月，中国国家石油储备中心正式成立，旨在加强中国战略石油储备建设，健全石油储备管理体系。决策层决定用 15 年时间，分三期完成石油储备基地的建设。由政府投资首期建设 4 个战略石油储备基地。国际油价从 2014 年年底的 140 美元/桶降到 2016 年年初的不到 40 美元/桶，对于国家战略石油储备是一个难得的好时机，应该抓住这个时机多建石油储备库。我国成品油储备库的建设，在近几年亦加快进行，动员石油系统各行业，建新库、扩旧库，成绩显著。

　　油库的设计、建造、使用、管理是密不可分的四个环节。油库设计建造的好坏、使用管理水平的高低、经营效益的大小、使用寿命的长短、安全可靠的程度，是相互关联的整体。这就要求我们油库管理使用者，不仅应掌握油库管理使用的本领，而且应懂得油库设计建造的知识。

为了适应这种需求，由中央军委后勤保障部建筑规划设计研究院与部分军内油库建设与管理专家和中国石油天然气集团公司部分专家合作编写了《油库技术与管理系列丛书》。丛书从油库使用与管理者实际工作需要出发，吸取了《油库技术与管理手册》的精华，收集了国内外油库管理及建设的新知识、新技术、新工艺、新标准、新设备、新材料，总结了国内油库管理的新经验、新方法，涵盖了油库技术与业务管理的方方面面。

　　丛书共 13 分册，各自独立、相互依存、专册专用，便于选择携带，便于查阅使用，是一套灵活实用的好书。本丛书体现了军队油库和民用油库的技术与管理特点，适用于军队和民用油库设计、建造、管理和使用的技术与管理人员阅读。也可作为石油院校教学的重要参考资料。

　　本丛书主编马秀让毕业于原北京石油学院石油储运专业，从事油库设计、施工、科研、管理 40 余年，曾出版多部有关专著，《油库技术与管理系列丛书》是他和石油工业出版社副总编辑章卫兵组织策划的又一部新作，相信这套丛书的出版，必将对军队和地方的油库建设与管理发挥更大作用。

解放军后勤工程学院原副院长、少将　　　　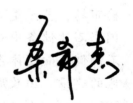
原中国石油学会储运专业委员会理事

2016 年 5 月

丛书前言

油库技术是涉及多学科、多领域较复杂的专业性很强的技术。油库又是很危险的场所，于是油库管理具有很严格很科学的特定管理模式。

为了满足油料系统各级管理者、油库业务技术干部及油库一线操作使用人员工作需求，适应国内外油库技术与管理的发展，几年前马秀让和范继义开始编写《油库业务工作手册》，由于各种原因此书未完成编写出版。《油库技术与管理系列丛书》收集了国内外油库管理及建设的新知识、新技术、新工艺、新标准、新设备、新材料，采用了《油库业务工作手册》中部分资料。

本丛书由石油工业出版社副总编辑章卫兵策划，邀中央军委后勤保障部建筑规划设计研究院与部分军内油库建设与管理专家和中国石油天然气集团公司部分专家用3年时间完成编写。丛书共分13分册，总计约400多万字。该丛书具有技术知识性、科学先进性、丛书完整性、单册独立性、管建相融性、广泛适用性等显著特性。丛书内容既有油品、油库的基本知识，又有油库建设、管理、使用、操作的技术技能要求；既有科学理论、科研成果，又有新经验总结、新标准介绍及新工艺、新设备、新材料的推广应用；既有油库业务管理方面的知识、技术、职责及称职标准，又有管理人员应知应会的油库建设法规。丛书整体涵盖了油库技术与业务管理的方方面面，而每分册又有各自独立的结构，适用于不同工种。专册专用，便于选择携带，便于查阅使用，是油料系统和油库管理者学习使用的系列丛书，也可供油库设计、施工、监理者及高等院校相关专业师生参考。

丛书编写过程中，得到中国石油销售公司、中国石油规划总院等单位和同行的大力支持，特别感谢中国石油规划总院魏海国处长组织有关专家对稿件进行审查把关。书中参考选用了同类书籍、文献和生产厂家的不少资料，在此一并表示衷心地感谢。

丛书涉及专业、学科面较宽，收集、归纳、整理的工作量大，再加时间仓促、水平有限，缺点错误在所难免，恳请广大读者批评指正。

《油库技术与管理系列丛书》编委会

2016 年 5 月

目　　录

第一章　概述 ·· （1）

　　一、油库自动化与信息化系统 ·· （1）

　　二、油库自动化发展趋势 ·· （2）

　　三、储油罐区自动化系统 ·· （4）

　　四、油料灌装自动化系统 ·· （5）

　　五、长输管道自动化系统 ·· （7）

　　六、安全警戒自动化系统 ·· （8）

　　七、油库办公自动化系统 ·· （8）

第二章　石油仓储物联网系统 ··· （10）

　第一节　商业油库石油仓储物联网系统 ·· （10）

　　一、石油仓储物联网存量监管系统 ·· （10）

　　二、石油仓储物联网运营指挥系统 ·· （11）

　第二节　非商业油库油料储存管理决策系统 ··································· （14）

　　一、系统概述 ·· （14）

　　二、技术原理 ·· （15）

　　三、功能特点 ·· （15）

　　四、主要性能 ·· （16）

第三章　油库自动控制系统 ·· （17）

　第一节　油库储运自动化 ·· （17）

　　一、储运自动化方案 ··· （17）

　　二、储运自动化系统构成 ·· （17）

　　三、储运自动化主要功能 ·· （17）

　第二节　铁路油料收发及泵房自控系统 ··· （19）

　　一、技术原理及系统概述 ·· （19）

　　二、功能特点 ·· （20）

　　三、主要性能参数 ·· （20）

　第三节　汽车油罐车零发油自动控制系统 ······································ （20）

　　一、系统概述 ·· （20）

二、技术原理 ……………………………………（ 21 ）

三、功能特点 ……………………………………（ 21 ）

四、主要性能参数 ………………………………（ 22 ）

第四节　油库工艺流程监测系统 ………………（ 22 ）

一、系统概述 ……………………………………（ 22 ）

二、技术原理 ……………………………………（ 22 ）

三、功能特点 ……………………………………（ 23 ）

四、主要性能参数 ………………………………（ 24 ）

第五节　库房物资可视化管理系统 ……………（ 24 ）

一、系统概述 ……………………………………（ 24 ）

二、技术原理 ……………………………………（ 24 ）

三、功能特点 ……………………………………（ 24 ）

四、主要性能参数 ………………………………（ 24 ）

第六节　油罐自动化计量监管系统 ……………（ 25 ）

一、油罐自动监测集成管理系统 ………………（ 25 ）

二、油罐自动计量监管信息系统 ………………（ 26 ）

三、成品油及航煤油罐区自动化方案 …………（ 28 ）

第七节　油库消防控制系统 ……………………（ 30 ）

一、基本方案 ……………………………………（ 30 ）

二、主要功能 ……………………………………（ 30 ）

第四章　油库信息系统 …………………………（ 32 ）

第一节　油库自动化信息化全面方案 …………（ 32 ）

一、系统结构 ……………………………………（ 32 ）

二、技术原理 ……………………………………（ 33 ）

三、功能特点 ……………………………………（ 34 ）

四、主要性能指标 ………………………………（ 34 ）

第二节　油库信息管理系统 ……………………（ 34 ）

一、系统基本方案 ………………………………（ 34 ）

二、系统功能架构 ………………………………（ 35 ）

三、信息化系统数据接口方式及内容 …………（ 35 ）

四、信息管理系统的安全 ………………………（ 36 ）

第五章　油库安全监控及通信系统 ……………（ 38 ）

第一节　油库安全监控系统 ……………………（ 38 ）

一、安防管控信息平台 …………………………（ 38 ）

二、高清视频一体化智能安防系统 …………………… （38）

三、区域防入侵系统 …………………………………… （40）

四、刺网光纤振动式周界入侵报警系统 ……………… （42）

五、光纤感温火灾探测系统 …………………………… （44）

六、TC-10C 系列微波入侵探测器 …………………… （46）

七、ZD-76 系列遮挡式微波入侵探测器 ……………… （47）

八、视频周界识别技术 ………………………………… （50）

九、携行式智能安全警戒系统 ………………………… （51）

十、智能图像火灾自动探测报警系统 ………………… （54）

十一、自动跟踪定位射流灭火装置 …………………… （56）

第二节　油库通信报警系统 ……………………………… （58）

一、自动电话系统 ……………………………………… （59）

二、火灾报警系统 ……………………………………… （60）

三、工业电视监控系统 ………………………………… （61）

四、无线对讲系统 ……………………………………… （61）

五、生产及安全巡更系统 ……………………………… （62）

六、门禁控制系统 ……………………………………… （62）

七、公共广播和综合报警系统 ………………………… （63）

八、周界报警系统 ……………………………………… （63）

九、通信线路敷设 ……………………………………… （64）

第六章　油库现场常用仪表及其维护检修 ………………… （65）

第一节　油罐常用液位仪表 ……………………………… （65）

一、雷达液位计 ………………………………………… （65）

二、伺服液位计 ………………………………………… （67）

三、磁致伸缩液位计 …………………………………… （74）

四、高精度智能液位计 ………………………………… （78）

五、超声波液位计 ……………………………………… （80）

六、音叉液位开关 ……………………………………… （81）

七、油罐液位计的维护与检修 ………………………… （81）

第二节　油库常用流量仪表 ……………………………… （82）

一、油库常用流量计的分类、规格性能及适用范围 … （82）

二、油库常用流量计的选用 …………………………… （85）

三、涡轮流量计 ………………………………………… （86）

四、刮板流量计 ………………………………………… （90）

五、质量流量计 ……………………………………（ 93 ）

六、双转子流量计 …………………………………（ 99 ）

七、标准体积管 ……………………………………（102）

八、流量计检查、维护、修理与调整 ……………（108）

第三节　油库常用安全检测仪表 ……………………（112）

一、可燃性气体检测仪器 …………………………（113）

二、EST101 型防爆静电电压表 …………………（119）

三、万用表 …………………………………………（122）

四、兆欧表 …………………………………………（128）

五、接地电阻测量仪 ………………………………（131）

六、HCC-16P 超声波测厚仪 ……………………（134）

七、HCC-24 型电脑涂层测厚仪 …………………（137）

八、地下金属管道防腐层检漏仪 …………………（139）

九、智能呼吸阀检测仪 ……………………………（144）

第四节　消防检测仪表 ………………………………（145）

一、火焰探测器 ……………………………………（145）

二、光纤光栅感温探测器 …………………………（147）

第五节　常用仪表阀门及执行机构 …………………（149）

一、数字多段电液阀 ………………………………（149）

二、气动执行机构 …………………………………（151）

三、电动执行机构 …………………………………（152）

第六节　常用压力测量仪表 …………………………（154）

一、压力表 …………………………………………（154）

二、压力变送器 ……………………………………（156）

第七节　常用温度测量仪表 …………………………（158）

一、双金属温度计 …………………………………（158）

二、热电阻 …………………………………………（158）

三、多点平均温度计 ………………………………（159）

第八节　自控定量灌装系统维护检修 ………………（160）

一、设备日常维护与保养 …………………………（160）

二、自控定量灌装系统常见故障及排除方法 ……（161）

第九节　其他信息系统维护检修 ……………………（163）

一、液位监控系统 …………………………………（163）

二、闭路电视监控系统 ……………………………（163）

第七章　油库自动化与信息化教育训练及演习 …………………………… (166)
　第一节　油库全景仿真网络教学系统 ……………………………………… (166)
　　一、系统概述 ……………………………………………………………… (166)
　　二、技术原理 ……………………………………………………………… (167)
　　三、功能特点 ……………………………………………………………… (167)
　　四、主要性能指标 ………………………………………………………… (167)
　第二节　油库三维仿真系统 ………………………………………………… (168)
　　一、系统概述 ……………………………………………………………… (168)
　　二、技术原理 ……………………………………………………………… (168)
　　三、功能特点 ……………………………………………………………… (168)
　　四、主要性能 ……………………………………………………………… (170)
　第三节　油库标准作业程序训练与考核系统 ……………………………… (170)
　　一、技术原理 ……………………………………………………………… (171)
　　二、功能特点 ……………………………………………………………… (171)
　　三、主要性能 ……………………………………………………………… (171)
　第四节　油库消防预案演示系统 …………………………………………… (171)
　　一、技术原理 ……………………………………………………………… (171)
　　二、功能特点 ……………………………………………………………… (171)
　　三、主要性能 ……………………………………………………………… (173)
参考文献 ………………………………………………………………………… (174)
编后记 …………………………………………………………………………… (175)

第一章 概 述

一、油库自动化与信息化系统

采用先进监控技术，实现油库信息采集自动化、信息传输网络化、油库资源可视化、供应保障精确化、安全管理智能化等，已成为目前油库自动化建设的基本技术特征。典型油库自动化系统结构如图1-1所示，由自动控制系统、信息管理系统和网络传输系统三部分组成。

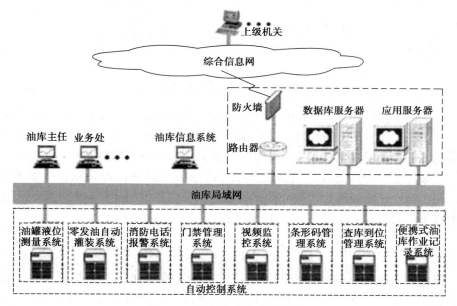

图1-1 油库自动化系统结构

（1）自动控制系统。自动控制系统是油库信息化建设的基础，由8个自控分系统构成，分别是油罐液位测量系统、零发油自动灌装系统、消防电话报警系统、门禁管理系统、视频监控系统、条形码管理系统、查库到位管理系统和便携式油库作业记录系统。涉及自动检测技术、自动控制技术、现场总线技术、数字视频技术、GIS技术、实时数据处理技术、IC卡技术、条码识别技术、作业管理技术等现代监控技术。

（2）信息管理系统。信息管理系统以综合数据库为核心，根据信息管理功能需求，建立 4 个软件分系统：油库部署配置、信息基础平台、油库信息整合与油库综合管理分系统，分别完成信息系统创建、自控系统整合、油库业务管理等功能，可以将自控系统实时数据、人工采集数据和预置基础数据统一规划整合，满足油库数据共享、互连互通、集成使用的要求。系统软件体系结构如图 1-2 所示，综合应用了数据库技术、信息管理技术、人工智能技术等。

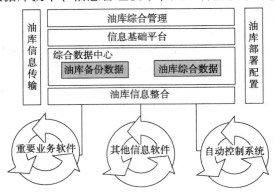

图 1-2　信息管理系统软件体系结构

（3）网络传输系统。系统由三层网络构成：现场控制网、局域网和远程宽带网。

现场控制网分区进行设计，安全监控系统主要采用现场总线技术，零发油灌装系统采用工业以太网技术，其他部分大都采用 RS485 直接连接。

局域网主要由服务器、网络交换机、路由器等硬件设备和软件传输平台构成，利用光纤、双绞线等传输介质，通过与综合信息网的连接，初步实现与上级业务机关的数据动态交互，如图 1-3 所示。

二、油库自动化发展趋势

油料储运系统具有分布空间范围广、安全防爆要求高、监控点多、布线复杂、自动化系统的水平和垂直集成难度大的特点。围绕储油罐区自动监测、计量和管理功能，系统开发涉及的关键难点技术问题有：如何实时、准确、可靠、经济地采集点多、面广的监控信息，实现大范围的数据共享；如何基于多参数实时数据，进行智能分析、处理，进一步提高计量精度；如何基于监控信息及数据，进行油料平衡分析和故障诊断，提高安全管理的智能化水平等。针对信息采集自动化、信息传输网络化、信息资源可视化、供应保障精确化、安全管理智能化等应用需求，国际领先的储油罐监控计量仪表生产商提出了罐区全面解决方案，该方案综合反映了油料储运自动化监控技术的发展趋势，如图 1-4 所示，该方案具有如下特点。

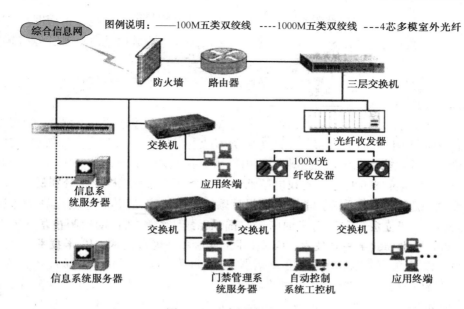

图 1-3　油库局域网配置

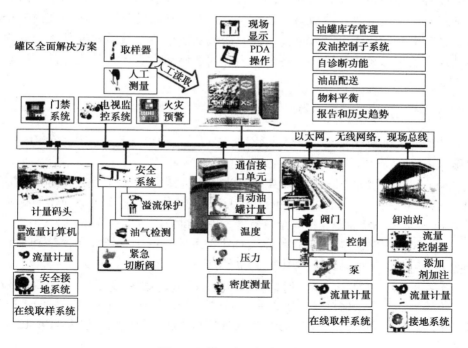

图 1-4　罐区全面解决方案

（1）智能仪表、平均温度测量、混合式测量方法，保证系统计量精度。

（2）嵌入式控制器及现场总线的应用，解决大范围数据共享难题，综合罐区信息。

（3）提供包括高端决策功能、故障自诊断、油料平衡分析等智能化功能为支撑的罐区监控智能化解决方案。

特别是近年来，我国加入 WTO 以来，为增强国际竞争力，提高企业实力，促进企业和国际石油市场接轨，减少各类事故的发生，将企业的经济效益、社会效益和环境效益有机地结合起来，国内三大石油集团（中国石油、中国石化和中国海洋）正在各自所属的企业，包括油库、加油站大力推行一种崭新的国际石油天然气工业通行的管理体系——HSE 管理体系。HSE 管理体系是健康（Health）、安全（Safety）与环境（Environment）管理体系的简称，也可用 HSE MS（Health Safety and Environment Management System）表示。HSE 管理体系的特点主要有以下几个方面：强调由事后控制变事先预防；强调危害先知；遵循 PDCA 持续改进、不断完善的科学管理方法；坚信"一切事故是可以避免的"理念。在油料储运工作中，体现国际石油天然气工业通行的 HSE 管理理念，对输油设备、储油设备及管道介质泄漏等进行监测与故障诊断，目的是及时发现或预报储运系统的异常或故障，从而避免由其所导致的巨大经济损失或安全事故，具有潜在的巨大经济效益。因此，研究状态监测与故障诊断技术及其在油料储运自动化系统中的应用，将是国内外油料储运学术界、工程界的研究热点和重要发展方向。

三、储油罐区自动化系统

储油罐区自动化系统宜结合油库实际进行设计建设，此处以某油库为例进行说明。

某油库现有洞库立式储油罐 X 个，半地下立式储油罐 X 个，中继卧式油罐 XX 个，放空罐 X 个，储油区距办公区 8km，收油作业区距储油区 4km，距办公区 10km，是一个储油罐类型较全兼有储备库和供应库特点的油库。

针对该油库储油罐的实际情况，SCADA 系统采用了现场控制网络和信息管理网络一体化的体系结构，如图 1-5 所示。

系统体系结构分为三层，底层为油罐一次仪表，包括液位计、温度传感器、压力传感器、可燃气体浓度传感器等，通过智能节点 DPU（Data Processing Unit）接入中间层。中间层为 LonWorks 分布式现场总线测控网络，上层为 TCP/IP 油库局域网。

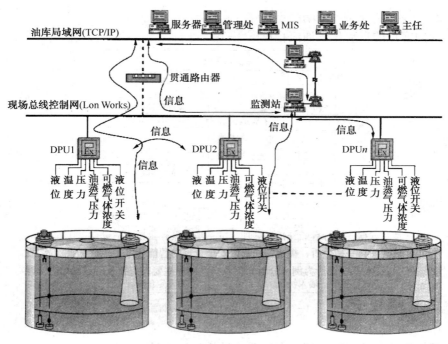

图 1-5 储油罐区 SCADA 系统结构

四、油料灌装自动化系统

(一) 业务流程

1. 发放电子油证流程

发放电子油证流程见图 1-6。

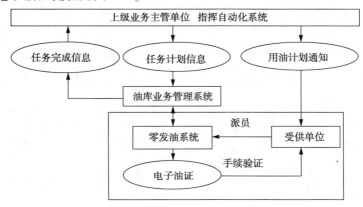

图 1-6 发放电子油证流程图

2. 面向客户的自动化发油流程

面向客户的自动化发油流程见图1-7。

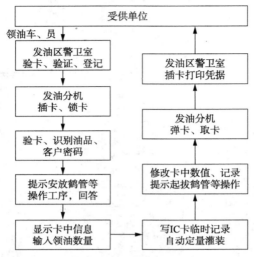

图1-7 面向客户的自动化发油流程图

(二) 系统结构

根据对业务流程的分析,灌装系统结构设计,见图1-8和图1-9。

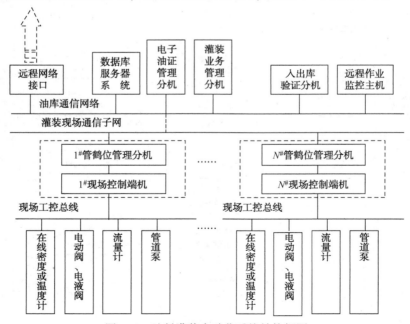

图1-8 油料灌装自动化系统结构框图

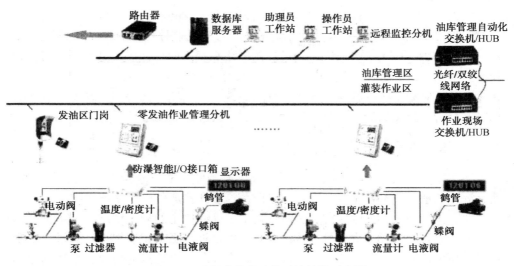

图 1-9　油料灌装自动化系统结构示意图

五、长输管道自动化系统

建立 SCADA 系统，采用硬件厂商或专业软件公司提供的监控组态软件工具，结合二次开发，完成管道系统数据采集、监控管理、调度指挥及故障诊断任务，是目前国内外管道自动化建设的重点发展方向。典型 SCADA 系统结构如图 1-10 所示。

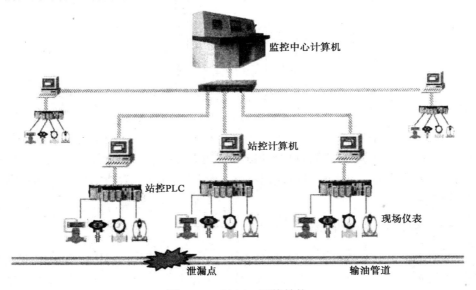

图 1-10　SCADA 系统结构

SCADA 系统结构模式的主要特点是按照系统功能分散、负荷分散、危险分散及管理集中的设计思想，将管线系统分解为管线监控中心计算机、站控计算机、站控 PLC、现场仪表四级，通过控制网络和管理网络，形成分级分布式监控和数据采集系统，其主要优点：一是满足系统开放性要求，容易实现硬件平台、软件环境、应用系统的替换、升级，延长系统生命周期；二是实时性好，利于系统工况分析、故障诊断；三是系统具有更高的可靠性、安全性。

六、安全警戒自动化系统

油库安全警戒自动化系统是以预防损失、预防犯罪、维护油库安全为目的，综合运用各种现代科学技术和安全技术防范产品所构成的电子系统或网络。

油库安全警戒系统的功能：及时发现危及油库安全的异常情况，发出报警信号以阻吓罪犯并提醒值班人员进行防范，从而延迟或阻止事故发生；实录事发现场图像和声音提供破案凭证；使管理者及时掌握各重要地点的情况，提高油库的安全管理水平，确保油库的安全。油库安全警戒自动化系统一般由视频监控系统、门禁控制系统、周界防范系统、消防报警系统等子系统集成而得，其结构如图 1-11 所示。

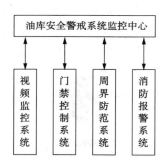

图 1-11　油库安全警戒自动化系统的组成

油库安全警戒自动化系统由多个子系统组成，每个子系统都有自己独立的功能，设计时各子系统除满足自己的功能外，还应考虑整个安全警戒系统的集成和联动，以及安全警戒系统的监控信息在网上的实时传输，为油库信息管理自动化总系统提供信息。

七、油库办公自动化系统

油库办公自动化系统是在保证各部门工作正常运转的前提下，最大限度地克服人工管理时存在的问题而建立的、适应于实际工作需要的油库办公管理信息系统。它的最终目标是实现办公办文无纸化、信息处理和信息查询自动化、领导决策科学化。整个应用系统包括公文管理、信息管理、日常办公、辅助办公、个人办公、油库安全、油库动态、值班管理、系统管理等模块，其功能结构图如图 1-12 所示。

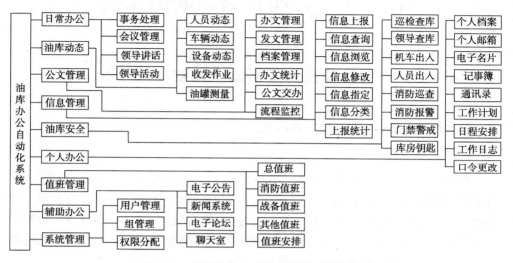

图 1-12　油库办公自动化系统的功能结构图

第二章　石油仓储物联网系统

第一节　商业油库石油仓储物联网系统

一、石油仓储物联网存量监管系统

（一）系统概述

石油仓储物联网存量监管系统（图 2-1）通过液位仪对油库和加油站油罐成品油存量实时测量，系统对成品油存量数据的实时采集、处理以及整合下游系统的数据。通过对数据的挖掘和应用，实现存量的实时监控、存量数据分析、预警分析和诸多关键指标的分析，为管理层提供高效、精细化、可视化运营管理的辅助决策。它是石油储运和销售企业信息化发展的最终、最科学的选择。

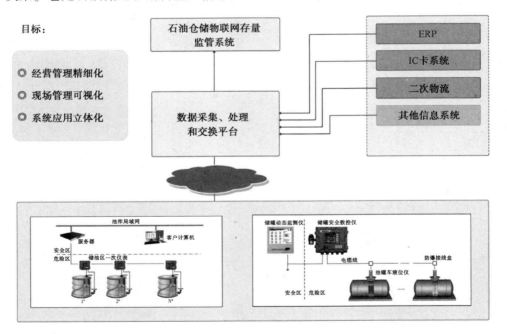

图 2-1　石油仓储物联网存量监管系统

（二）主要用途

1. 经营管理精细化

（1）业务调度要求库存分析更精准，及时反映库存差异和变化趋势，服务经营决策。

（2）精细管理要求防范经营风险，提高数质量管理水平。

2. 现场管理可视化

（1）提升现场作业自动化和标准化水平，减少人工干预，提高效率和可靠性。

（2）库站等现场管理需要远程监控，实现集中调控指挥，确保安全生产。

（3）集成储运自动化系统，进一步实现数据信息共享，服务运营管理。

3. 系统应用立体化

实现信息化系统为企业各个层面的用户提供服务，从现场操作人员到企业最高决策者。

（三）技术原理

石油仓储物联网存量监管系统采用多种先进的技术。目前在用系统多采用.Net平台中的 Visual Studio.Net 作为开发工具，使用 C#作为程序设计语言，采用 Asp.Net 技术，运行于 IIS 应用服务器上。数据库则采用 SQL Server 2012。

（四）功能特点

石油仓储物联网存量监管系统紧紧围绕服务于企业各级用户的宗旨，提供精细化、可视化、高效化的业务运营管理，其主要功能特点见图 2-2。

（五）主要性能

（1）数据仓库技术：实现数据的专业化、规范化管理与使用。

（2）BI：商业智能，实现数据分析与汇总、指标管理及辅助决策。

（3）GIS：地理信息系统，实现可视化宏观管理与监测。

（4）物联网技术：实现库区、车辆、油站设备的信息采集与交换。

（5）企业私有云：实现系统服务及硬件资源的高效应用。

二、石油仓储物联网运营指挥系统

（一）系统概述

石油仓储物联网运营指挥系统分油库和油站级集成系统和总部级信息化集成平台两大部分，含数据终端、油库和油站系统层、数据传输服务层、平台应用层、数据层五个层面。数据终端设施为油库和油站提供数据源，含人工、液位仪、流量计等；油库和油站系统层提供油库和油站的基础业务处理和数据采集，并定时给总部信息化集成平台上载数据；数据传输服务层负责接受油库和油站端的数据并调度到总部信息化集成平台中，为整个核心业务层提供标准服务；平台

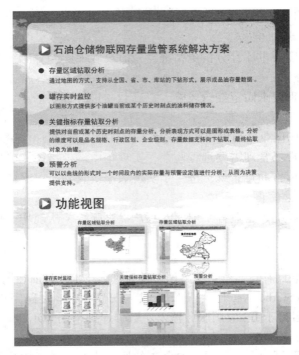

图 2-2　石油仓储物联网存量监管系统主要功能特点

应用层通过统一的数据交换平台及数据格式实现本系统与其他业务系统(如 ERP、零售、批发)的业务及数据流交换与服务。系统总体设计见图 2-3。

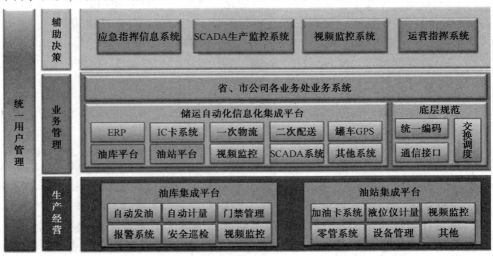

图 2-3　石油仓储物联网运营指挥系统总体设计

（二）主要用途

1．经营管理精细化

（1）业务调度要求库存分析更精准，及时反映库存差异和变化趋势，服务经营决策。

（2）精细管理要求防范经营风险，提高数质量管理水平。

2．现场管理可视化

（1）提升现场作业自动化和标准化水平，减少人工干预，提高效率和可靠性。

（2）库站等现场管理需要远程监控，实现集中调控指挥，确保安全生产。

（3）成品油储运自动化系统，进一步实现数据信息共享，服务运营管理。

3．应用立体化

实现信息化系统为企业各个层面的用户提供服务，从现场操作人员到企业最高决策者。

（三）技术原理

石油仓储物联网运营指挥系统采用多种先进的技术。目前在用系统多采用.Net平台中的 Visual Studio.Net 作为开发工具，使用 C#作为程序设计语言，采用 Asp.Net 技术，运行于 IIS 应用服务器上。数据库则采用 SQL Server 2008。

（四）功能特点

石油仓储物联网运营指挥系统紧紧围绕服务于企业各级用户的宗旨，提供精细化、可视化、高效化的业务运营管理。其五个子系统的功能见表2-1。

表2-1　石油仓储物联网运营指挥系统主要功能

子系统名称	主要功能
业务运营子系统	（1）为公司管理人员提供全面、及时掌握公司总体经营情况的窗口
	（2）为企业经营分析提供详实的数据支撑
	（3）公司信息发布的窗口
	（4）为各职能部门提供必需的统计分析报表
存量监管子系统	（1）自动存量报表
	（2）存量地图分析
	（3）库存预警
运营安全子系统	（1）液位报警
	（2）油罐侧漏与报警
	（3）偷油报警
	（4）远程视频监控

子系统名称	主要功能
运营安全子系统	(5) 油气报警
	(6) 火灾报警
	(7) 巡更管理
	(8) HSE 管理
	(9) 应急指挥
远程监控子系统	(1) 管线 SCADA
	(2) 远程视频调度
	(3) 库站自动化系统远程展现
	(4) 库站自动化系统采集服务
	(5) 更好的支持配送管理
运营指挥 GIS 展示子系统	(1) GIS 地图二次物流车辆的实时监控
	(2) GIS 地图经营数据的展示
	(3) GIS 地图网点的位置服务

（五）主要性能

（1）数据仓库技术：实现数据的专业化、规范化管理与使用。

（2）BI：商业智能，实现数据分析与汇总、指标管理及辅助决策。

（3）GIS：地理信息系统，实现可视化宏观管理与监测。

（4）物联网技术：实现库区、车辆、油站设备的信息采集与交换。

（5）企业私有云：实现系统服务及硬件资源的高效应用。

第二节　非商业油库油料储存管理决策系统

一、系统概述

油库油料储存管理决策系统是一套满足非商业油料管理机构对油库油料的数量、质量、运行状态进行全面管理、决策分析的信息系统。

油库油料储存管理决策系统主要应用于非商业基层油库的油料储存管理以及各级机关对各基层油库油料储存情况的统计工作中，真实和实时反映各油库的现存油量以及库存历史油量等相关信息，从而实现各级机关对油料储存的统一管理，统一调配，统一运送的工作。系统建立统一的监测管理与决策平台，通过对各油库的每个储罐的实时监测，统一查询，统一决策和分析及汇总数据，以丰富的表现形式展现出来，为非商业用户提供更便捷和快速的信息数据平台。该系统以数据可视化、思维敏捷化、决策自动化、查询人性化、操作快速化的方式为科学管理提供一种崭新的管理决策支持。并以非商业油料储存管理规定为基础，以油料储存管理实际工作为前提，为非商业各基层油库，提供一个完整的油库储存、收发、管理的综合系统，为油库科学管理提供一套崭新的决策支持解决方案。

二、技术原理

整个系统由网络、硬件支持、软件支持、油料储存管理决策软件系统组成。系统服务器和客户机采用 X86 架构，能满足软件子系统性能和存储要求。系统的软件子系统采用 .net Framework4.0 技术平台，服务器采用 Windows2003 操作系统以上，客户机采用 Windows XP 以上操作系统；数据库采用 SqlServer2008；用户界面采用 Web、Windows 服务、Web 服务 3 种方式，主界面是 Web 页面。

三、功能特点

油库油料储存管理决策系统的功能特点如下。

（1）系统采集油罐自动计量系统数据的测量数据，依据 GB/T 1885—1998 标准对测量数据进行处理，同时也能手工输入存量计量数据，具备强大的油罐实时、历史监控功能和报警管理功能。

（2）系统具备油料质量标准管理、油料化验登记、油料处理等全面的油料质量管理功能。

（3）系统具备油罐维修、油罐状态、油罐储存状态等油料储存设备的运行状态管理功能。

（4）系统具备完整的整装油料的管理功能。

（5）系统具备油料存储概况、油料质量概况等一系列的管理报表。

（6）系统具备从油料品名、机构、设计容量、油罐形态等多角度，对油料静态储备能力、动态储备能力、油料储备现状、油料储存变化进行分析，从而提供强大的决策支持功能。

（7）系统具备油料质量分析、油料质量项目变化分析、油料储备能力分析等多角度的油料质量分析能力。

（8）系统具备集中分布式部署功能，上级管理机构的油料储存信息能准确地下达到油库，油库的油料储存信息也能全面、完整的被上级机构掌握，数据准确、真实、完整、及时，能很好地适应军队网络的现状，满足各级油库管理机构对油料数量、质量的管理和决策分析的需要。

四、主要性能

油库油料储存管理决策系统的主要性能如下。

（1）系统通过 WebService 提供服务，取得油罐存量、报警、化验质量数据。

（2）与自动计量系统的接口对接，可以采集到油罐原始的自动计量参数的油水高度、水高、油料高度、油料密度等，数据测量更加准确，也更加方便快捷。

（3）与工程接口对接，通过本系统定义的接口能有效地把数据库中数据送到工程的数据库中，这样使得数据更加的多元化、一体化、便捷化。

（4）与工艺流程系统接口对接，从本系统取得油罐的质量计量数据，通过本系统的数据库中的视图来取得相应的数据和信息。

（5）通过 Web 形式来展现出油库每个油罐的每项参数，以及做出的全方位的分析等。

（6）系统提供数据备份功能，并提供容积表、油罐、泵阀基础数据的导入和管理功能。

第三章 油库自动控制系统

第一节 油库储运自动化

一、储运自动化方案

储运自动化方案应根据本油库的规模、性质、工程投资、管理使用人员素质等因素确定，此处只提如下应考虑的基本原则。

（1）公路装车控制一般与 IC 卡车辆门禁系统集成，实现 IC 卡一卡通智能化装车控制。

（2）灌装保护装置应与发油控制系统联动，防爆刀闸的开、关状态应通过发油控制系统监测。发油岛上的溢油静电检测、多舱流量显示、读卡、启停操作、灌装防护控制等设备应集成设置。

（3）公路装车、铁路装车、码头装船如采用流量计进行交接时，控制系统计量精度达到成品油贸易交接要求。

（4）可燃气体报警信息接入 PLC 系统时，接入卡件应独立设置。

二、储运自动化系统构成

储运业务自动化系统一般由公路发油控制系统、铁路发油控制系统、码头发油控制系统、油罐自动计量系统、油品移动系统构成。

三、储运自动化主要功能

（一）定量发油（公路、铁路、码头）

（1）公路装车可实现 IC 卡一卡通定量装车过程控制功能。

（2）对定量装车全过程进行多幅画面监测，对装车数据进行实时监测，对泵、阀等设备状态进行实时监视。

（3）公路发油可以实现 IC 卡发油、提单发油、人工录入三种发油方式；铁路和码头发油应实现提单发油和人工录入两种发油方式；公路发油应能实现 V_t、V_{20}、kg 三种计量方式发油；铁路和码头发油按 kg 计量方式发油。

（4）生产数据、报警信息、操作日志、设备动作日志在数据集成平台自动存储并生成相应记录，记录不能修改。

（5）具备生产数据、报警事件查询浏览功能，能自动生成油品出库日报、月报、年报等管理报表。

（6）具备生产控制参数、设备参数、报警参数人工授权修改功能。

（7）数据集成平台能自动获取库级信息管理系统的油品出库业务，并能自动将出库业务下发到定量灌装监控系统，发油结束数据自动上传库级管理系统进行管理。

（二）储罐自动计量

（1）能对储罐油品的温度、液位、密度的储罐参数自动检测并动态显示，通过罐容表、静压力修正表能自动计算出油品体积及油品质量。

（2）能自动判断储罐收发油工作状态并提示，生产参数检测异常报警并存储。

（3）储罐高低液位预警，超低液位报警及连锁关闭出口阀门、关停装车泵；超高液位报警并连锁关闭入口阀门、关停卸油泵，超高液位报警通过液位开关实现。

（4）储罐测量数据及计算数据在数据集成平台自动存储并生成相应记录，记录不能修改。

（5）自动生成液位、温度、密度历史数据及库存日报表。

（6）数据集成平台自动向库级管理信息系统提供储罐动态运行数据及历史数据。

（三）油品移动系统

（1）油品入库、出库、倒罐等油品移动全部实现流程自动化控制。

（2）对进油、出库、倒罐等油品移动工艺能实现路径优选、物料收存对比等自动优化。

（3）罐区流程工艺的动态实时展示，阀门、泵的状态动态监测，可远程操控阀门、泵等执行机构。

（4）应具备检测设备故障、执行设备故障挂起功能，油品移动优化时自动屏蔽与之有关流程的选择。

（5）生产过程中压力、液位、设备故障等多种异常报警检测及联动控制。

（6）生产运行参数、设备异常报警及事件存储、查询功能。

（四）技术指标

（1）灌装系统计量精度优于0.3%。

（2）汽车槽车批次装车控制误差不大于±3（kg或L）/次，火车罐车批次装车控制误差不大于±10kg/次，装船批次控制误差不大于±15kg/次。

（3）油品浸没进油口时的初始灌装流速不大于1m/s，正常灌装流速不大于4.5m/s。

（4）包括溢油、静电、高低液位在内的报警及联动响应时间不大于2s。

（5）密度测量误差不大于0.1%。

第二节　铁路油料收发及泵房自控系统

一、技术原理及系统概述

铁路油料收发及泵房自控系统针对非商业各类油库泵房与收发油工艺流程的特点，采用 PLC 集中控制、模块化分布式控制相结合的优化控制方式，综合运用变频调节、模糊控制和 LonWorks 现场总线技术，创新研制了大宗油料收发作业自动控制系统，在非商业油库首次实现了油料的铁路装卸、远输、输转、倒罐等复杂作业流程的自动控制，不仅改善人员工作环境，而且大大提高了收发作业效率。

该系统目前已在多个非商业油库使用（图 3-1），系统应用覆盖汽油、柴油、航空煤油等多种油品和收发油作业环节中多种作业流程，安装 LON—PLC 控制柜、油泵变频控制柜等设备 20 余台套，控制各类油泵 102 台、阀门 83 个。该系统采用了潜油泵正压灌泵、气体旁路排放、主泵变频控制等技术，有效地解决了油库铁路收发油作业夏季气阻问题，大大提高收发油作业效率，减少人员和能耗，改善人员工作环境，提高油料快速保障能力，具有显著的经济效益和军事效益。

(a)铁路油料收发自控系统

(b)油泵房自控系统

图 3-1　铁路油料收发及泵房自控系统

二、功能特点

（1）手动、控制柜、计算机三种控制方式。
（2）采用"正压灌泵—气体旁路排放—流程自动切换"新工艺。
（3）灌泵、卸油、放空三个流程快速、平稳过渡。

三、主要性能参数

铁路油料收发及泵房自控系统主要性能参数见表3-1。

表 3-1　铁路油料收发及泵房自控系统主要性能参数

名　称		性 能 参 数
控制方式		远程计算机控制、现场控制柜控制、现场手动控制三种方式
油罐车卸油速度（m^3/h）		≥150
同时工作泵数量（台）		1~2
系统供电电源（VAC）		380
防爆等级	压力变送器	Exd Ⅱ BT$_5$
	防爆计算机	Exd Ⅱ BT$_6$
	防爆现场 I/O 模块	Exd Ⅱ BT$_6$
	溢油静电保护器	Exdia Ⅱ BT$_4$

第三节　汽车油罐车零发油自动控制系统

一、系统概述

汽车油罐车零发油自动控制系统采用分布式网络结构，运用 IC 卡识别、集散式控制等技术，现场采集一次仪表信号，经过分析、计算、处理完成控制动作。可实现单机、联机发油和重量、体积计量，以及温度测量、密度补偿和掉电、溢油保护。主要用于油库汽车零发油自动控制和管理，已在多个非商业油库及国家成品油储备库推广使用。

汽车油罐车零发油自动控制系统（图3-2）主要用于非商业及石化行业油库汽车零发自动发油的控制和管理。在多个非商业油库及国家成品油储备库推广使用，用户反映该系统控制精度高、运行可靠、故障率低、易于维护，减轻了人员劳动强度，提高了汽车零发油作业效率。

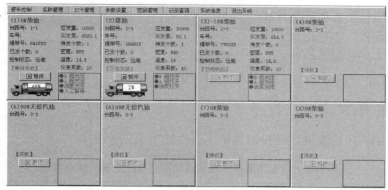

(a)控制界面

(b)工艺设备图

图 3-2　汽车油罐车零发油自动控制系统应用

二、技术原理

汽车油罐车零发油自动控制系统采用一次仪表层、控制网络层、管理层三层分布式网络结构，应用 IC 卡识别技术、集散式控制技术，通过零发油控制器采集现场一次仪表信号并接受控制指令，经过分析、计算、处理完成控制动作，将数据上传至监控计算机，通过局域网可实现数据共享。

三、功能特点

（1）单机、联机发油，最多 32 台发油控制。

（2）质量、体积计量方式。

（3）远程、本地操作。

（4）身份、发油单、发油量三重验证。

（5）温度测量密度补偿，掉电、溢油保护。

四、主要性能参数

汽车油罐车零发油自动控制系统主要性能参数见表3-2。

表3-2　汽车油罐车零发油自动控制系统主要性能参数

名　　称		性　能　参　数
电源	电压（·VAC）	220×（1±10%）
	频率（Hz）	50×（1±2%）
电机输出		DKS613电机控制器220VAC，5A，可控制泵
精度	系统精度	流量累计误差±（0.1%FS）
	温度补偿精度	优于0.1%
运行方式		可24h不间断连续运行，可就地或远程操作
工作温度（℃）		−20~50
设定量范围（kg）		0~99999
控制器防爆标志		Exd（ib）ⅡBT$_4$

第四节　油库工艺流程监测系统

一、系统概述

油库工艺流程监测系统（图3-3）由状态采集器、信号集成处理器、本安无线传输模块、工艺流程电子图、上位机软件等组成，对油罐、管线、油泵、阀门等设备工作参数实时监测，并在作业现场集中显示运行状态。主要用于油库收发作业工艺流程状态实时监控。目前该系统已在中石化多个油库使用。

二、技术原理

采用先进成熟技术，对油库半地下油库安装油气浓度测试仪及防爆显示屏，对工作参数进行实时监测，并在作业现场集中显示相关设备工况和运行动态，确保设备正常运转，消除安全隐患，提高油库安全度。

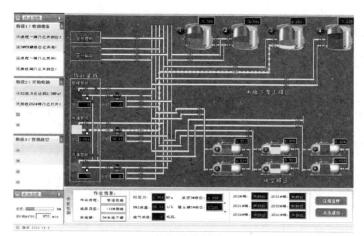

(a)工艺流程图

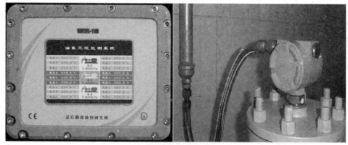

(b)监测系统接线

(c)监测仪表

图 3-3　油库工艺流程监测系统应用

三、功能特点

（1）油料收发作业工艺流程自动监测。

（2）泵阀开启状态显示。

（3）作业异常自动报警。

（4）油泵工况参数监测。

四、主要性能参数

油库工艺流程监测系统主要性能参数见表3-3。

表3-3　油库工艺流程监测系统主要性能参数

名　　称	无线组网功能(单点传输距离)(m)	可同时监控数(点)	单点连续工作时间(年)
性能参数	100	500	不低于2

第五节　库房物资可视化管理系统

一、系统概述

围绕库存物资收储发管理流程,通过系统建设,及时采集仓库物资入库、出库、库存盘点等各个环节的作业数据,实现库存物资的可视化管理。

二、技术原理

采用 RFID 射频识别、Zigbee 无线传输及嵌入式技术,研制库房物资管理工作站、垛位/货架信息终端和手持式作业终端,自动采集物资入库、出库和库存盘点等各个环节的作业数据,实现库房物资的可视化管理。

三、功能特点

(1)入库作业管理。
(2)出库作业管理。
(3)垛位/货架管理。
(4)附油倒库管理。
(5)账表自动生成。
(6)库存物资可视。

四、主要性能参数

库房物资可视化管理系统主要性能参数见表3-4。

表3-4　库房物资可视化管理系统主要性能参数

名　　称	工作站/信息终端储存温度(℃)	工作温度(℃)	无线传输最大距离(m)
参数	-40~70	-20~50	300

第六节 油罐自动化计量监管系统

油罐自动化计量是油库使用较多的一类信息技术，在油库应用时间较长，计量精度且可靠性不断提高，现简述四种常用系统。

一、油罐自动监测集成管理系统

（一）系统概述

油罐自动监测集成管理系统（图 3-4）主要运用测控、智能传感和现场总线等技术，建立现场一次仪表、分布式测控网和信息管理网三层无缝连接体系架构，集成油罐计量、安全监测、收发作业和信息管理等系统，实现油品参数测量、油罐压力、洞库温（湿）度监测、显示、自动报警和实时查询，油库多种类型油罐

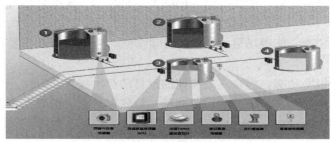

(a)工艺流程图

(b)油库外貌　　　　　(c)罐顶设备

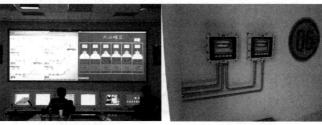

(d)监测人员　　　　　(e)监测设备

图 3-4　油罐自动监测集成管理系统应用

参数自动计量、安全监测和业务管理，是确保油库安全、实现油库管理信息化和油料快速精确保障的重要基础。目前已在非商业油库覆盖各类油罐 240 多座，安装储罐多参数传感器、现场数据处理器和各种测控单元、模块 500 余台套。最早安装的系统已连续、稳定运行 10 年。

（二）技术原理

本系统采用系统工程理论与设计方法，综合运用测控技术、智能传感技术和现场总线技术，研究建立了现场一次仪表、分布式测控网和信息管理网三层无缝连接的体系架构，构建了基于统一技术体制，融合油罐计量、安全监测、收发油作业和信息管理的大型综合自动化系统。

（三）功能特点

（1）油品参数测量功能：能实时自动测量储罐油品的液位、温度和密度；计量体积和质量。

（2）安全监测功能：能实时监测储罐油正负压力、罐旁可燃气体浓度和洞库温湿度。

（3）显示功能：能现场显示油罐各计量参数、监测参数和报警信息、控制室集中显示。

（4）自动报警功能：能在现场和控制室自动产生报警。

（5）管理功能：自动统计油罐的储量、总库存量，历史数据查询。

（四）主要性能参数

油罐自动监测集成管理系统主要性能参数见表 3-5。

表 3-5　油罐自动监测集成管理系统主要性能参数

名　称		性　能　参　数
应用油罐类型		洞库罐、半地下覆土罐、卧式罐、露天金属立式罐
适应油品类型		汽油、柴油、航空煤油
计量精度	液位（mm）	±2（液位<20m）
	温度（℃）	0.5（−20~50℃）
	密度（g/cm³）	0.005
	体积	0.2%FS
	质量	0.2%FS

二、油罐自动计量监管信息系统

（一）系统概述

油罐自动计量监管信息系统依据国家标准进行储罐油品质量计量，用于油库收、存业务的储罐库存计量；储罐油高、水位、温度、渗漏等报警(图3-5)。广泛应用于中石油、中石化、部队、国储等行业油库储罐计量监管信息系统。其主要配置是磁致伸缩液位仪(MG)、差压变送器(3051S)、现场监测仪(多罐)(FMU)、后台服务器(TCS)、客户端软件(OTS.CNET)等。

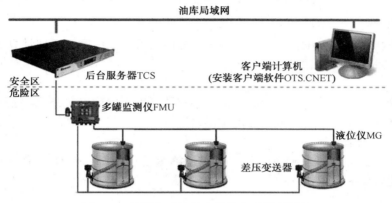

图3-5　油罐自动计量监管信息系统配置图

(二)技术原理

油罐自动计量监管信息系统采用国际上公认的"混合法"质量计量方法研制的自动质量计量监管信息系统。该系统以博瑞特高精度(±0.794mm)磁致伸缩液位仪为核心，配以高精度(±0.02%)差压变送器，结合专用的储罐自动计量监管信息系统(后台服务器)和现场实时监测管理(现场监测仪)，实现全自动的油品质量计量管理。

(三)功能特点

(1)高精度、实时测量油水总高、水高、5点温度及介质平均温度、体积、质量等参数。

(2)实现实时、连续、自动测量平均密度。

(3)达到国家计量标准。

(四)主要性能指标

油罐自动计量监管信息系统混合法系统主要性能指标见表3-6。

表3-6　油罐自动计量监管信息系统混合法系统主要性能指标

名　称	指　标
液位测量精度	±0.008%FS
压力测量精度	±0.025%FS
密度测量准确度	≤±0.2%FS，测量误差对汽油约合±1.5kg/m³、柴油1.8kg/m³

三、成品油及航煤油罐区自动化方案

（一）检测方法

油品计量的检测一般分静态检测和动态检测，油罐的油品计量的检测一般用静态检测，有三种方法。

1. 体积法

以体积为计量单位，要求测量的参数只能是液位、温度，以便计算出标准温度（国际 15℃、国内 20℃）的体积。

2. 质量法

检测方法要求直接测量油品质量，小容器可以用磅称直接测量油品质量，但大型容器内油品质量的检测就要困难得多。

3. 体积质量法

检测方法首先要求测量体积，再通过测量密度，得到储液质量。要测量体积，首先就要测量液位。

（二）技术原理

（1）储油液位"H"由高精度伺服式液位计 NMS5 或高精度雷达液位计 FMR53x 测得，取代人工检尺。

（2）储油体积"V"由罐区 SCADA 软件引用液位 H、罐容积表等进行一系列兼容中国标准的计算而得（精度决定于罐容积表，即 0.2%），取代人工查表换算。

（3）储油密度"D"由通信接口引用差压变送器测量值 Δp 进行换算，$\Delta p \div gH$（精度决定于 Δp，要求优于 0.05%），取代人工采样化验密度。

（4）储油重量"W" $= V \times D$（精度 ≈ 0.2%），数据实时在线，准确可靠。

（三）功能特点

国内大型油库，正在进行着各种改革与创新，不断提高自身的生产力和国际竞争力。其中企业的信息化建设是重中之重，它贯穿于采购、生产和销售的全过程。企业信息化要求各部门，各生产装置所用的各种设备、系统和接口无缝连接；要求信息准确、迅速、直接。然而在罐区储运方面，由于没有实现油品的输转计量自动化，从而严重影响了信息化建设，严重影响了发展。

目前，我国大部分成品油库在罐区储运方面，主要使用不同的自控系统和控制级罐区仪表实现输入、输出的监控，防止油品跑、冒、漏、窜等事故；对于油品的输转计量，主要依靠人工检尺、人工采样和人工计算。这样很难保证数据准确、可靠、及时地进入企业的信息库，更谈不上对相关信息的二次深度加工与应用。实现油品的输转计量自动化，将会极大地提高企业的管理效率。

（四）储罐自动监控管理系统功能

罐区自动化监控管理系统（SCADA）主要有以下几种要求：

（1）库存计量，盘点库存，作为经营、调度的依据。因此，要求测量数据可靠、稳定和适当的精度（企业自定）。主要是重量、体积、液位。

（2）输转计量，企业购入和销售的计量，因此，要求有符合国家计量精度要求的、高精度的输转前后重量差、体积差，用于企业间结算（国内0.35%、国际0.2%）。

（3）倒罐计量，企业内部生产用倒罐工艺的实施过程的监控，需要液位、体积或重量等参数，要求测量数据可靠、稳定。

（4）安全监督，杜绝跑、冒、漏、窜，减少经济损失和环境污染，因此需要液位、体积、温度等参数，要求测量数据可靠、稳定。

（5）具有开放性，符合中国国情，可以和企业已有设备、企业 MIS/ERP/CRM 系统无缝集成。

（五）测量系统的组成

混合式储罐计量系统（HIMS）是目前比较理想的体积重量法的自动化实现方案，用 E+H 伺服式液位计等组成的混合式储罐计量系统（HIMS）见图3-6。

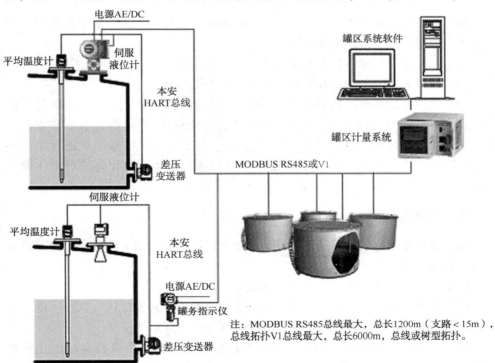

图3-6 混合式储罐计量系统组成

（1）各罐的测量仪表（平均温度计、差压变送器）分别接入伺服液位计，每个罐区的伺服液位计采用一根 MODBUS RS-485 数字通信总线，进入控制室 Tankvision 罐区计量系统，每个罐区配置一个通信接口 NXA820 Tank Scanner 实现每个储罐的罐量计算等功能。配置 Tankvision 通信接口，可实现与 DCS 或其他上位系统间的通信，采用的通信协议为 MODBUS RS485A 或 MODBUS TCP/IP。

（2）MODBUS RS485 的连接方式为总线结构，分支长度不应超过 15m，总长不超过 1200m，波特率为 19200。

这种方案适用于大型油库，包括内浮顶罐、拱顶罐、外浮顶罐、覆土罐、洞库等。可完成油库自动化解决方案，并承担信息化建设的构建。

第七节　油库消防控制系统

一、基本方案

油库消防控制系统方案应根据本油库的规模、性质、工程投资、消防协作力量等因素确定，应考虑的基本原则如下。

（1）消防报警可通过控制系统与视频系统进行联动。

（2）应设有中心控制室和消防值班室二级控制功能。

（3）消防控制系统一般有自动、手动、故障手动工作模式。自动工作模式应能够在火灾自动报警状态下，经人工确定后，按照消防工艺的要求自动完成灭火；手动工作模式应能够在火灾报警状态下，人工通过手动操作盘进行操作灭火；故障手动工作模式应能够不通过计算机系统，直接对泵和阀进行单体操作灭火。

二、主要功能

（1）监控界面能动态显示报警设备、泵、阀执行设备的工作状态，动态显示消防工艺流程。

（2）系统能装载多种消防流程联动预案。

（3）火灾实施自动检测并报警，消防手动报警需经人工确认后执行一键启动控制，有两种以上自动报警设备同时报警时宜进行流程自动控制。

（4）消防水池液位动态监测，具备低液位自动补水、高液位自动停止补水控制。

（5）消防报警事件及事件确认自动存储、生成报警记录，支持记录查询。

（6）消防报警应具备联动视频及储运生产控制系统。

（7）火灾报警确认后，能驱动库区消防广播系统进行报警及指挥。

（8）火灾报警及设备状态等信息在数据集成平台内自动存储，报警信息自动上传库级管理信息系统。

（9）安防自动化系统见第五章相关内容。

第四章 油库信息系统

第一节 油库自动化信息化全面方案

油库自动化信息化集成以油库综合监管平台为核心，将油库的自动化监控和业务管理集成到一个平台上，在一个平台上进行监控和管理，实现操作自动化、管控一体化、监管网络化。为油库提供一个安全生产、高效、自动化信息化平台；对收发存作业实行全过程自动控制；对涉及质量、安全、健康、环境（QHSE）的参数进行全方位监控；对管理信息进行全面采集、综合处理、联网共享。

一、系统结构

（一）油库自动化信息化集成系统结构

油库自动化信息化集成系统结构见图4-1。

（二）油库自动化信息化集成主要内容

（1）IC卡汽车定量发货系统。每个发货台的最大设计容量都是4路发油鹤管，可以是下装发油鹤管，也可以是上装发油鹤管，具备油气自动回收、安全联锁、掉电保护、装车防护等安全环保设施。

（2）IC卡定量付油管理系统。实现发货场门禁控制、自助发油、付油管理等功能，并可以与上级信息化系统进行信息交互，接收付油罐装单，上传付油数据。

（3）储罐计量系统。为储油罐安装液位报警开关，并将油罐计量数据和报警信息上传到自动化集成平台上。

（4）安全防范系统。主要包括可燃气体监测、视频监控、周界防范、楼内门禁、无线巡更，火灾报警。

（5）综合监管平台。将库区的各种自动化子系统和设备集成在一起，实现库区状况集中监控(发货、计量、泵阀、安防、视频)、报警联动、关联互锁、作业监控、数据发布等功能。

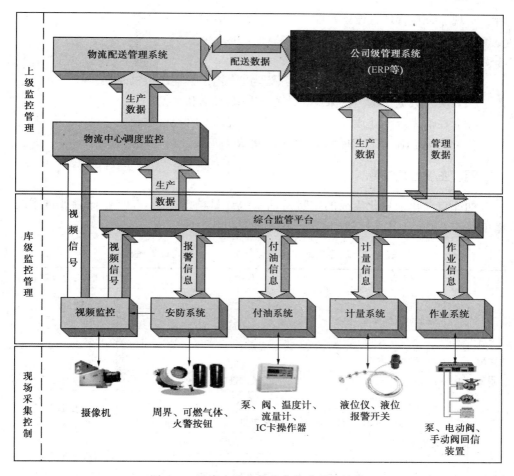

图 4-1 油库自动化信息化集成系统结构

二、技术原理

油库综合监控平台就是将油库的自动化监控和业务管理集成到一个平台上，在一个平台上进行监控和管理，通过网络实现信息共享，提供安全、高效、共享的生产环境。

（1）生产自动化系统包括定量发油控制系统、储罐计量监测管理系统、生产作业调度系统、油气回收系统等。

（2）安全防范系统包括视频监控系统、周界防范系统、可燃气体检测报警系统、无线巡更系统、IC卡门禁系统、消防报警系统、钥匙管理系统等。

（3）综合监管系统提供统一的生产自动化系统、安全防范系统和业务操作平台，实现 QHSE 管理、设备台账、电子台账等功能。

三、功能特点

（1）实现数据采集自动化，业务管理流程化，管理决策信息化。
（2）实现数据源的一次采集，多系统数据共享和交换。
（3）在油库层面建设综合监管平台，实现油库管控一体化。
（4）实现 ERP 系统和数质量系统的集成，实现公司管理信息化。

四、主要性能指标

油库自动化信息化集成的定量发油系统计量精度优于 0.2%，储罐计量系统精度优于 0.2%，其他性能（报警、联锁）指标见表 4-1。

表 4-1　油库自动化信息化集成系统报警与联锁性能

	报警内容	保护动作	报警提示	视频联动
系统报警	发油罐低液位预警	停止验卡发货	是	
	发油罐低低液位预警	停止发油	是	
	发油罐低液位开关报警	关闭出口阀	是	
	收油罐高液位预警		是	
	收油罐高液位开关报警	关闭进口阀	是	
	可燃气体浓度报警	暂停发油	是	是
	火灾报警、温度报警	停止发油，关闭进出口阀，确认后启动消防设备	是	是
	泵阀故障报警	停止动作	是	是
	周界报警		是	是
关联互锁	存在高液位报警	禁止打开进口阀		
	存在低液位报警	禁止打开出口阀		
	工艺条件不符合	禁止启泵		
	泵阀故障	禁止操作相关泵阀		

第二节　油库信息管理系统

一、系统基本方案

油库信息管理系统方案应根据本油库的规模、性质、工程投资、管理使用人员素质等因素确定，应考虑的基本原则如下。

（1）为保证信息的可靠性，管理信息系统服务器配置为双机热备。

（2）管理信息系统的客户端和服务器设置在油库办公网内，与油库生产网隔离。

（3）库级信息管理系统的实施应采用先进、可靠、实用的软硬件系统。

（4）自动化系统与信息管理系统的数据交互，统一由数据库服务器完成。

二、系统功能架构

油库信息管理系统功能架构图见图4-2。

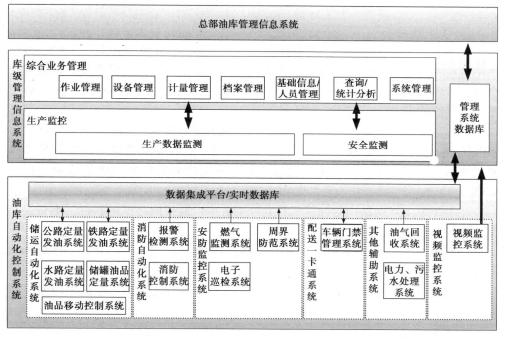

图4-2　油库信息管理系统功能架构图

三、信息化系统数据接口方式及内容

（一）数据接口方式

油库控制层设置的数据库服务器直接接入生产局域网，数据库支持网络远程访问并且开放，油库数据库服务器与油库信息系统服务器间的接口通过数据库表方式(历史数据、实时数据)或 OPC Server(实时数据)方式来实现。提供的数据有生产过程及安防的实时数据、报警信息和历史数据。实时数据更新时间应小于

2s，报警数据更新时间应小于 2s。

（二）数据库表方式

在国内外一般的油库中，数据库的方式有很多种。在我国大部分油库中，数据库服务器一般是提供能够访问数据库的登录用户名称及密码，并按照"接口数据内容"要求提供建立数据库临时表。

（三）接口数据内容及要求

各自动化子系统软件需具有与油库管理信息系统的数据接口，数据接口内容及要求对于不同油库有所不同，应该在设计中应设置标准要求。

四、信息管理系统的安全

（一）网络安全

（1）油库工业生产网络仅可挂接与生产监控相关的系统或设备，不得与其他网络直接相连。工业生产中应充分利用防火墙、路由器、交换机的配置策略和安全策略，使用端口、IP 地址、网络协议等保护机制，做好边界隔离，保证应用系统及网络的安全。

（2）工业生产网络内所有计算机的网络浏览器（如 IE）的安全等级应设置为最高级别；所有计算机操作系统（如 Windows 系统）的安全策略应设置为最高级别；所有计算机的系统登录密码及自动化系统监控软件的登录密码应采用审核策略。

（3）工业生产网络内的计算机只允许安装生产监控所必须的软件，不得安装其他无关软件。

（4）工业生产网络内的所有计算机应安装杀毒、防毒软件，并建立系统和软件的漏洞修复和升级机制。

（5）外部进出交换机的端口设置电涌保护器，交换机电源设电涌保护器。

（二）软件安全

1. 系统软件安全

（1）服务器、操作站均应充分利用操作系统的安全机制，设置账户策略、密码策略、审核策略，杜绝空密码，删除所有无关应用程序。

（2）所有服务器、操作站均应建立操作系统定期升级及补丁安装机制，均应安装杀毒软件并定期升级，建立定期的系统备份机制。

2. 管理软件安全

（1）管理软件应建立完善的用户等级及密码审核机制，登录及重要操作应有审核和日志记录。

（2）管理软件应在敏感数据采集、传输、存储、应用等环节建立安全保障措施，以保证数据安全。

（3）管理系统数据库，应具有完善的用户权限及功能分配，还应具备检查跟踪能力，可以记录数据库查询、密码利用率、终端动作、系统利用率、错误状况及重新启动和恢复等。服务器应采用双机热备式，保证数据安全，数据备份要求至少3年。

3. 工控软件安全

（1）工控软件应建立完善的用户等级及密码审核机制，登录及重要操作应有审核和日志记录。

（2）工控软件计算机应删除所有无关应用程序，关闭所有与应用无关的端口。

（3）工控软件在关键设备的数据采集和传输上应建立冗余链路，保证工控系统的运行安全。

（4）工控软件中还应具有手/自动运行切换、应急事件响应预案及软件系统的应急处理措施等。

第五章　油库安全监控及通信系统

第一节　油库安全监控系统

安全是油库工作者十分重视的问题，随着信息技术的发展，出现了多种类型的安监系统，不少油库已投入使用，现列举 11 种不同类型的已经在油库应用的安全监控系统。

一、安防管控信息平台

油库安防管控信息平台，主要用于上级业务机关对所属油库风险作业情况远程监控、对风险预警和应急响应措施适时更新调整，对潜在的安全问题实时管控，实现风险预警管控提前、处置措施有的放矢。从已经应用该平台的单位来看，效果良好。

（一）技术原理

系统综合采用了 GIS 技术、三维建模技术、数据集成技术、网络数据库技术，搭建以油库作业风险实时监控、安防系统数据可视、作业预警过程可控等内容而成。

（二）功能特点

该系统解决了油库综合信息与空间三维信息相融合的难题，具有以下特点。

（1）场景拟真度高、直观立体，人机交互好。

（2）系统集成度高，视景监控同步。

（3）操作维护简单，运行稳定可靠。

（三）主要性能

利用三维地理信息平台展示所属油库整体布局、各油库风险作业情况、风险评估与发布、安防信息、风险作业预警等信息情况。依托综合信息网络，对油库信息采集终端的数据进行综合集成，远程调取视频、门禁、查库到位等安防信息，实时监控油库储存、收发、安防、风险预警等情况。实现油库重大风险作业预警适时发布、上级机关网上全时监控、应急响应措施同步更新等功能。

二、高清视频一体化智能安防系统

（一）系统概述

高清视频一体化智能安防系统适用于非商业油库等重要场所的监控及预警，

可对油库周界及重点区域进行全景式监控预警，对人员车辆进行高清识别管理；快速锁定分析视频实时图像（图5-1），根据预设规则主动报警；可通过开放式接口联入各种传感器和信息平台，实现一体化的预警联动和预案处理。

(a) 营区周边翻墙警戒　　　　　　　(b) 营区出入口检测

(c) 营区出入人物识别信号跟踪　　　(d) 营区放置异常物

图5-1　高清视频一体化智能安防系统应用

（二）技术原理

采用高清视频、生物识别和智能分析技术，研制新一代智能安防监控系统，实现对油库周界及重点区域的全景式监控，对人员车辆的高清识别管理，对实时视频图像快速准确分析和主动报警，并可通过开放式接口联入各种传感器和信息平台，实现一体化的预警联动和预案处理。

（三）功能特点

高清摄像，智能识别，全天候监控，主动报警。

（四）主要性能

（1）分辨率最高可达2550×1660，是目前安全监控视频标准的二十倍以上，居国际领先水平。

（2）内置面部、指纹、虹膜、耳廓和语音等智能生物识别模块。

（3）采用自主知识产权的智能分析技术实现对象识别应用，并可实现复杂环境下周界入侵、区域防卫、重点区域物品遗留或消失等模式的智能检测。

（4）内置开放式接口，可以有线/无线方式接入各种传感器，实现报警联动。

（5）嵌入 OPC 接口，可实现与信息系统的无缝联接。

三、区域防入侵系统

（一）系统概述

区域防入侵系统是利用光纤传感技术构建的边界防范系统（图 5-2），在抗干扰、防爆性、信号识别等多项技术指标上都高于传统式边界防范方法，能满足管道场站/阀室、机场、油库、自然林区、通信站、看守所、场站周界安防的要求。

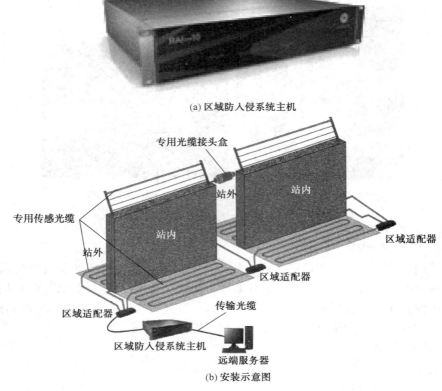

(a) 区域防入侵系统主机

(b) 安装示意图

图 5-2　区域防入侵系统示意图

(c) 入侵者进入防护区示意

(d) 实例图片

图 5-2　区域防入侵系统示意图(续)

系统解决了常规防范技术(红外对射、激光对射等)易受外界环境、恶劣天气影响及常规泄漏电缆防爆应用限制等问题,具有极高的报警准确率,极低的误报率,能有效地保护重点区域和设施的安全。

(二) 技术原理

采用专用光缆作为入侵振动检测传感器,将防范区域划分成多个子区域,形成区域立体防入侵监测网;当某个分区中的光缆受到外界入侵事件的扰动,引起光缆中传输的激光特性产生变化,系统主机对光信号进行分析处理,并结合尖端专利技术实现对入侵事件的精确报警。系统同时将报警信息以手机短信或其他通信方式同步发送到指定人员的手机和远程服务器上,也可通过外部接口实现与其他系统的联动。

(三) 功能特点

(1) 系统使用专用光缆敷设在防区的不同区域,形成一个多点联合立体式防御网。并且不同防区也可以实现对入侵地点的定位。

(2) 系统只有在墙头护栏光缆先于墙内地埋光缆产生震动时才会确定有入侵事件发生从而开始报警。这样就极大程度上杜绝了天气、飞鸟、蹬踏墙壁等误报事件的发生。

（3）本系统留有丰富的外部接口，如网口、串口等，能够与视屏监控系统等进行联动。

（4）通过显示器可显示出作用在传感器上的振动区域位置、时间等信息。

（四）主要性能参数

区域防入侵系统主要性能参数见表5-1。

表5-1　区域防入侵系统主要性能参数

技　术　参　数		数　　值
单台监控区域	RAI-F5	5分区
	RAI-F10	10分区
单台最大监测长度（km）	RAI-F5	2.5
	RAI-F10	5.0
传感器		专用光缆
响应时间（s）		<2
功耗（W）		20
质量（kg）		15
工作温度（℃）		-20~50
工作湿度（%）		30~70
尺寸（mm×mm×mm）		19″×2u×400 486×86.5×400

四、刺网光纤振动式周界入侵报警系统

（一）系统概述

刺网光纤振动式周界入侵报警系统（图5-3）基于光纤振动探测的无源及抗干扰性，以及灵活的铺设安装方式，适用于周界环境复杂，安全等级要求高的单位，特别适用于易燃易爆的油库和雷击多发的野外地形。同时，系统本身还自带刺网具有很好地安全防护和威慑功能，应用前景较其他周界入侵报警防护系统越来越广泛。

（二）技术原理

通过报警主机的激光发射器发出直流单色光波，由光纤耦合器分别沿正向和反向耦合进入两芯传感的光纤，形成正、反向环路马赫-泽德干涉光信号；当光纤受到沿线外界振动干扰后，将会引起光波在光纤传输中相位的变化，形成光信号相位调制传感信号，再通过光纤耦合器和光环行器传送至报警主机的光电探测器，检测光信号的光强变化，从而实现光纤振动探测及相应入侵报警。

(a)周界刺网示意图

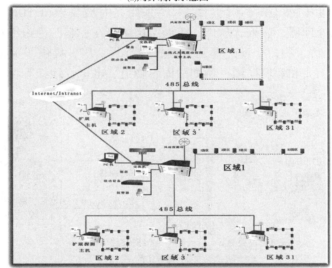

(b)刺网周界入侵报警系统示意图

图5-3　刺网光纤振动式周界入侵报警系统

（三）功能特点

（1）现场监测设备不带电，安全可靠。

（2）能够实时监测周界防护区域非法入侵信息报警和管理。

（3）能够在哨所和监控值班室同步显示报警区域。

（4）能够与视频监控系统联动，报警现场可视。

（5）能够对报警区域进行布防和撤防操作。

（6）主机与扩展主机可通过网络进行通信，可实现网络集中式管理与维护，具有网络后期互联扩展功能，能通过网络连接扩展新的报警防区。

（7）每套主机使用一套风雨探测环装置，大大减少风雨误报警问题，提高了系统的安全性、稳定性和准确性。

（四）主要性能

（1）报警响应时间在毫秒级以内。

（2）光缆振动探测主机自带防区数不超过 32 个，同时可容纳 30 个扩展主机，整个系统可容纳 992 个防区，每个间隔不超过 1km。

（3）使用寿命大于 20 年。

五、光纤感温火灾探测系统

（一）系统概述

分布式温度传感（DTS）系统（图 5-4）采用光时域反射（OTDR）技术，OTDR 技术与其后端处理器、嵌入式软件、扩展结构结合在一起，为最终用户系统提供接口（如 SCADA）、用户合理配置及数据管理软件。DTS 提供了灵活的温度监测方案，能用于工业和环境监测，例如油库、隧道、电厂、地铁等场所。

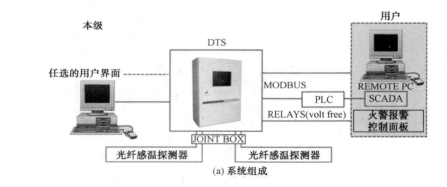

(a) 系统组成

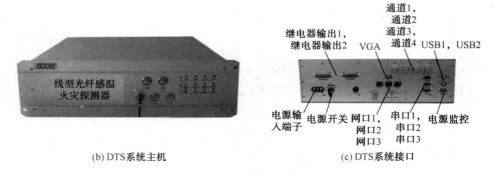

(b) DTS系统主机　　　　　　　　(c) DTS系统接口

图 5-4　DTS 系统示意图

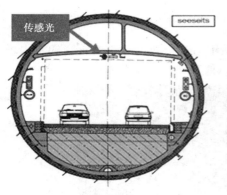

(d) 隧道安装示意图

(e) 磁铁、传感光缆安装图

图 5-4　DTS 系统示意图(续)

(二) 技术原理

DTS 系统工作是基于光时域反射原理(OTDR)，当光传输经过一光纤时，在光纤中将发生散射。散射方向任意，包括返回到光源的方向(已知的后向散射)。散射就会导致光强发生变化，因此，基于返回的光强即可确定光纤的状况。

(三) 功能特点

DTS 采用光纤作传感元件，而不是采用传统的温度感应元件，例如，基于离散电子元件的系统(热电偶或铂电阻温度计)。DTS 系统的最大优点是允许在单一传感器上进行数千点的温度监测。而基于离散元件的系统仅能在一点上提供温度数据，反映某一局部地区的平均数据。

(四) 主要性能参数

DTS600 系统主要性能参数见表 5-2。

表 5-2　DTS600 系统主要性能参数

光纤类型	测量距离	取样间隔	定位精度	温度精度
多模 62.5/125μm	6km，可定制	1m	1m	±1℃
温度分辨率	测温范围	光缆通道数	主机工作温度	主机工作湿度
±0.1℃	−270~700℃	1/2/4 通道	0~40℃	<95%RH
主机电源电压	主机通信接口	操作系统	主机外型尺寸 (mm×mm×mm)	主机重量
DC24V/AC220V	网口/RS232/485 继电器/USB、VGA	WindowsXP 及以上	482×134×424/ 550×1000×200	机柜约 25kg， 壁挂式约 50kg

注：测温范围可根据选用的光缆来定；通道数可定制；外形尺寸机柜式/壁挂式。

六、TC-10C 系列微波入侵探测器

TC-10C 系列微波入侵探测器(图5-5)适用于安全防范等级要求高的室内场所，如金库、军事区域、油库、银行、监狱、博物馆、机要大楼等。

图5-5　TC-10C 系列微波入侵探测器

(一)技术原理

以微波多普勒原理设计，采用平面微带阵列天线、介质稳频振荡器、平衡混频器等技术构成其核心，通过自适应信号处理技术、瞬态干扰抑制技术以及 EMC 设计，降低了误报率，提高了稳定性和可靠性。

(二)功能特点

(1)具有立体防范、稳定可靠、无温升、无频漂、耗电低、误报率低、性能无退变等特点。

(2)可隐蔽安装，不影响防范区域美观。

(3)零漏报率，并可防止智能破坏。

(4)通过国家强制 3C 认证。

(三)主要性能参数

TC-10C 系列微波入侵探测器主要性能参数见表5-3。探测范围边界见图5-6。

表5-3　TC-10C 系列微波入侵探测器主要性能参数

名　　称		参　　数
电源电压(VDC)	典型值	12
	适应范围	12~15
电流(mA)	典型值	25
	最大值	30

续表

名　　称		参　　数
尺寸(mm×mm×mm)		125×65×40
微波振荡频率(GHz)		10.525±1
脉冲调制频率(kHz)		2±0.5
报警输出	继电器	常闭触点 NC
	触点容量	24VDC/0.1A
温度(℃)	储存	−15~55
	工作	−10~50
探测距离(m)	TC−10C06	6
	TC−10C08	8
	TC−10C10	10

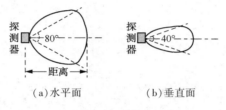

（a）水平面　　　　　（b）垂直面

图 5-6　探测范围边界

七、ZD-76 系列遮挡式微波入侵探测器

（一）探测器概述

ZD-76 系列遮挡式微波入侵探测器（图 5-7）适用于营房、宿营地、军事基地、武器弹药库、导弹发射场等军事区域及油库、加油站、机场、监狱、博物馆、发电站、仓库、机要大楼等要害部门的室内外安全防范，实际使用中其性能稳定、可靠性高（长时间连续运转误报率极低）、效果很好。该探测器分为通用型 ZD-76XXX 和防爆型 ZD-76XXXFB 两种。

（1）通用型 ZD-76XXX 除了可以固定安装外，还可采用移动式安装，简单、方便、灵活、快速的安装使用，满足非固定防范区域（如移动营房、飞机维护、物资临时堆放场等）或需临时防范的区域需求。它由微波接收机、微波发射机、可充电蓄电池组、无线报警传输模块（仅微波接收机需配）、三角安装支架组成。

（2）防爆型 ZD-76XXXFB 是为了满足特殊场所（如油库、加油站、弹药库等易燃易爆场所）的防范需要。

（a）通用型ZD-76XXX固定式安装　　　　　（b）通用型ZD-76XXX移动式安装

（c）防爆型ZD-76XXXFB

图5-7　ZD-76系列遮挡式微波入侵探测器

（二）技术原理

探测器主要由微波发射机和微波接收机两部分组成。发射机和接收机之间形成一个稳定的立体纺锤体形状的微波场，用来警戒所要防范的区域，利用场扰动或波束阻断原理探测入侵者，产生报警信号。

（三）功能特点

（1）立体防范、无法利用死区穿越。

（2）可采取隐蔽式安装、防伪安装。

（3）天气变化影响小、全天候工作。

（4）漏报率极低、几乎无漏报。

（四）红外对射、微波对射、电子围栏的比较

通过比较说明微波对射探测器是性价比很高的户外周界报警产品，见表5-4。

表 5-4　红外对射、微波对射、电子围栏比较

周　　界	红外对射	微波对射	电子围攻栏
探测技术	-940nm 红外光	波长-3cm 微波	脉冲电缆
安装形式	一般在围墙上	围墙或落地均可	一般设在围墙上
安装难度	简单	简单	复杂
美观度	一般	好	差
地形适应性	差，要求直线	一般或者略带弧度或坡度	好，任意地形变化
树木干扰	严重	一般	较少
雨雪雾干扰	误报严重	无影响	无影响
小动物干扰	严重	小	小
探测区	线性，容易突破	立体大范围区域	大范围面区域
造价	低廉	中等	高

（五）主要性能参数

ZD-76 系列遮挡式微波入侵探测器主要性能参数见表 5-5。其探测范围是在发射机与接收机之间形成一个立体的探测空间（纺锤体），纺锤体的长度 60～100m，最大截面积 3～5m，见图 5-8。

表 5-5　ZD-76 系列遮挡式微波入侵探测器主要性能参数

技术参数		数值说明
输出接口		继电器常闭触点
微波频率（X 波段）（GHz）		9～11
最大警戒距离（m）	@ ZD-7660/@ ZD-7660FB	60
	@ ZD-76100/@ ZD-76100FB	100
外形尺寸（mm×mm×mm）	@ ZD-7660	185×135×50
	@ ZD-7660FB	300×310×185
质量（kg）	@ ZD-7660	2
	@ ZD-7660FB	15

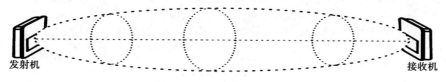

图 5-8　探测范围示意图

八、视频周界识别技术

智能视频周界报警服务器(图5-9)适用于重要场所、警戒区域与贵重物品防卫使用。如油品、武器、弹药、金子等。

（a）智能视频周界报警服务器

视频周界系统　　智能视频周界报警服务器　　计算机　　监控中心

（b）系统架构

（c）入侵报警实例

（d）跟踪模式实例

图5-9　智能视频周界报警服务器应用

智能视频周界报警服务器主要性能与特点见表5-6。

表5-6　智能视频周界报警服务器主要性能与特点

名　　称	主　要　内　容		
技术原理	视频周界识别技术就是计算机视觉技术在安防领域的应用。视频周界识别技术借助于计算机强大的数据处理功能，依靠算法，对图像或者视频中的海量数据进行高速分析与理解，去粗取精，去伪存真，向使用者提供真正有用的关键信息		
功能特点	预设视频报警规则		
	智能识别入侵对象		
	跟踪监测入侵对象		
	自动发送报警信号		
主要用途	重要场所周界防范		
	贵重物品偷盗检测		
	警戒区域异常检测		
设备类型	智能视频周界系统报警主机		
基本性能	处理器	工业级8核专用微处理器	
	视频输入	4路BNC接口/6路BNC接口	
	视频输出	1路VGA输出（支持1280×1024/1024×768/1280×720分辨率）	
	音频输出	1路线性音频输出	
	通信接口	RS232，RJ-45	
	操作系统	嵌入式LINUX操作系统	
	安装方式	机架安装，台式安装，2个USB2.0接口	
	其他	内部支持4个SATA硬盘接口，支持独立的eSATAⅡ接口	
电力规格	电源	电压（V）	频率（Hz）	功率（W）
		220±10%/110	50±2%/60	25~40（不含硬盘）
环境参数	工作温度（℃）		工作湿度
	0~55		10%~90%RH

九、携行式智能安全警戒系统

（一）系统概述

携行式智能安全警戒系统（图5-10）主要应用于具备风险等级的开设式指挥所和通信枢纽、野战装备和后勤仓库、机动侦察和发射基地以及需要加强安全保护的重要区域。

视频智能 全向智 照明灯 监控终端 振动传感器 配电箱 发电机 通信设备
摄像机 能监控

（a）系统组成及携行和车载方式

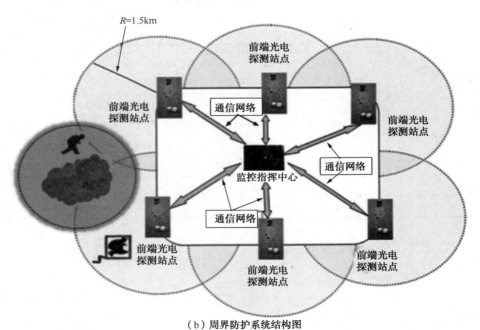

（b）周界防护系统结构图

图 5-10　携行式智能安全警戒系统结构图

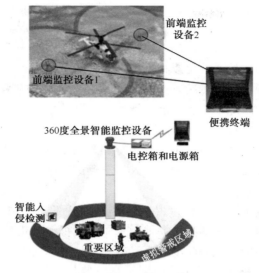

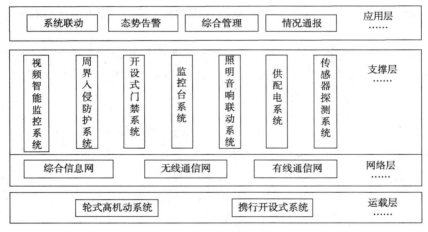

（c）重要目标监控系统结构图

| 系统联动 | 态势告警 | 综合管理 | 情况通报 | 应用层 …… |

| 视频智能监控系统 | 周界入侵防护系统 | 开设式门禁系统 | 监控台系统 | 照明音响联动系统 | 供配电系统 | 传感器探测系统 | 支撑层 …… |

| 综合信息网 | 无线通信网 | 有线通信网 | 网络层 …… |

| 轮式高机动系统 | 携行开设式系统 | 运载层 …… |

（d）系统组成体系结构图

图5-10　携行式智能安全警戒系统结构图（续）

（二）技术原理

携行式智能安全警戒系统将针对保护目标临时设置的视频监控、入侵报警、出入口控制等安防系统进行集成，采用先进的网络通信传输技术（有线和无线），实现对目标进行智能检测、自动报警和自动跟踪。

（三）功能特点

携行式智能安全警戒系统主要包括视频智能监控、周界入侵报警、出入口控制、传感器探测、照明音响联动、供配电和集中监控等子系统。

（1）视频智能监控系统可以根据不同场所的应用需求，灵活配备一定数量的摄像机。通过视频智能分析装置，不仅可以实现全天候的实时不间断监控，同时可以实现对目标的跟踪定位、智能检测和自动预警，还可以手动操控单台设备实现对目标进行锁定跟踪。

（2）出入口监控系统主要由门禁系统和网络视频智能监控系统组成，可以实现全天候不间断地在数十米范围内对人员车辆进行精确识别、分析、检测、跟踪定位及实时报警等功能。

（3）周界入侵报警系统可以根据周界的情况部署 1~6 个光电探测站点，对周界形成全覆盖监控；在周界重要地段采用智能视频分析技术设置多重虚拟警戒区域；实现智能预警、报警联动和声光报警。

（4）照明广播系统可以实现与网络视频监控系统进行联动；声音警报系统采用可调频扬声器，用于广播宣传和高频噪音驱散人群。强光告警装置采用高亮度强光照明灯，既可用于夜间数百米范围内的照亮，也可实现对目标的强光震慑。

（5）通信传输系统采用有线、无线和有线无线相结合的 3 种方式进行视频高速传输。有线方式采用被复线传输设备和配套线缆；无线方式采用车载台、手持台和传感服务器等设备传输。

（四）主要性能

（1）可对防护目标、区域全方位监控、报警，对恶意破坏、擅自闯入等入侵行为形成威慑。

（2）具有较高的安全防护等级（二级以上风险目标）。

（3）可快速、独立开设临时性安防系统（目标、营地和楼宇）。

（4）在有限区域内构建两层以上防护网络。

（5）系统具有良好的携行性，能有效地满足突发事件的需要。

十、智能图像火灾自动探测报警系统

（一）系统概述

智能图像火灾自动探测报警系统（图 5-11）主要用于石油化工等行业室外及高大空间重点防火区域的火灾探测报警，如油库、火工库、炼油厂、化工厂等。

(a) 防爆型智能图像火灾探测器

(b) 标准型智能图像火灾探测器

(c) 探测山火灾图像

(d) 探测库房火灾图像

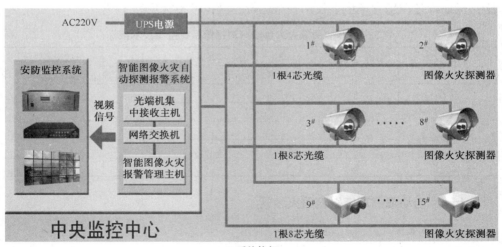

(e) 系统构架

图 5-11 智能图像火灾自动探测报警系统应用及构架图

（二）技术原理

智能图像火灾自动探测报警系统的前端图像型火灾探测器，配置高分辨率CCD 传感器作为成像探测器件，采用面型探测、三维图像处理技术，将视频信号传送到智能视频烟火识别处理器，应用智能算法软件检测视频图像内的火焰和烟雾，并产生火警信息，将视觉图像和智能分析控制一体化。可以实现在火灾探测报警的同时，在监控中心弹出火警现场实时视频画面，并标识出火警具体位置，极大提高了火灾报警的准确率和响应速度。

（三）功能特点

智能图像火灾自动探测报警系统在显著增大探测距离和探测灵敏度的同时，有效地消除环境干扰，并具有良好的密封性和防腐蚀特性。同时具有火灾探测和视频监控双重功能，实现可视化报警，能在各种复杂环境下对火情做出准确的判断。可同时提供视频、网络、开关量三种报警方式，灵活接入各类视频监控系统和火灾报警系统。

（四）主要技术指标

智能图像火灾自动探测报警属于火灾早期探测报警。室外最小检测火焰15cm×15cm 汽油盘火，响应速度一般 5s，极大缩短发现火灾的时间和发出报警的时间；探测距离最远可达 300m，报警准确率可达 99.9%。VFSD 专利技术，彻底解决灯光、太阳强光、耀斑辐射、黑体辐射、电弧焊、CO_2 气体排放等干扰源引起的误报；在各种环境恶劣、危险程度高的工业场所使用不会影响探测器灵敏度；保证设备在恶劣环境下长期安全运行。其技术指标见表 5-7。

表 5-7　智能图像火灾自动探测报警系统主要技术指标

产品类型	分型类别	视场角		最远探测距离（国标火）（m）
		水平视场角	垂直视场角	
标准型防爆型	A 型	64°	50°	40
	B 型	42°	32°	60
	C 型	32°	24°	80
	D 型	22°	17°	100
	E 型	10°	8°	300

十一、自动跟踪定位射流灭火装置

（一）装置概述

自动跟踪定位射流灭火装置（图 5-12、图 5-13、图 5-14）主要应用于油库、仓库、展览馆、博物馆、图书馆、剧院、大型购物中心、机场、车站、码头、厂房、医院等室内外建筑和场所。

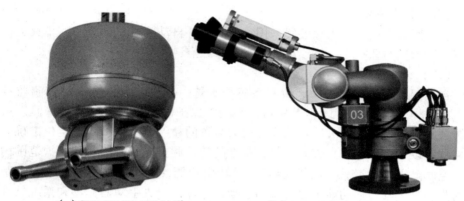

（a）SDK-ZDMS0.6/5S-SA型　　　　　（b）SDK-ZDMS0.8/30S-SA型

图 5-12　自动跟踪定位射流灭火装置

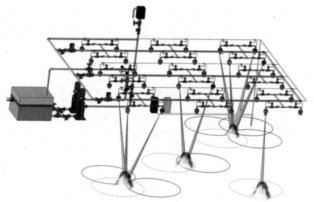

图 5-13　自动跟踪定位射流灭火装置系统结构图

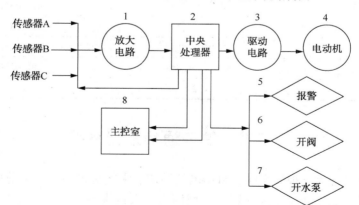

图 5-14　自动跟踪定位射流灭火装置控制原理图

（二）技术原理

自动跟踪定位射流灭火装置采用红外和紫外自动感应识别技术，集火灾探测报警、图像实时监控于一体，能够准确定位火点，自动智能高效灭火。

（三）功能特点

自动跟踪定位射流灭火装置具备感应火焰、感应烟雾复合火灾探测监控功能，100%覆盖率，无盲区、无死角，并能对保护区实时全方位监控探测。灭火系统根据着火点远近及大小自动修正灭火装置的喷射点角度，实现定位准确。灭火装置可以在水平和垂直方向进行大角度的旋转调节，以保护在其保护范围内的立体空间。灭火装置具有柱状/雾状无极转换功能，近距离喷射为雾状，远距离喷射为柱状，其转换功能可通过现场手动操作盘、中央手动操作盘和系统软件进行设定。灭火装置控制通过接口模块与火灾探测报警实现联动，做到定点扑救，实现智能化控制，在控制室清晰看到现场水炮的运动图像信息及现场扑救图像信息，对被保护场所进行无死角可视图像监控。火灾报警时系统硬盘录像机进行自动录像。灭火系统具有现场控制和远程控制功能，也具有自动控制、手动控制、现场应急控制方式。

（四）主要性能参数

自动跟踪定位射流灭火装置主要性能参数见表5-8。

表5-8　自动跟踪定位射流灭火装置主要性能参数

型　号	SDK-ZDMS0.6/5S-SA	SDK-ZDMS0.8/30S-SA
工作压力（MPa）	0.6	0.8
流量（L/s）	5	30
射程（m）	25	55
接口方式	螺纹 DN25	法兰 DN65
水平旋转角度（°）	360	0~360
垂直旋转角度（°）	-210~+30	-85~+60
材质	不锈钢、铝合金	不锈钢、铝合金
质量（kg）	7.2	19

第二节　油库通信报警系统

油库应设置火灾报警系统、自动电话系统、无线对讲系统、工业电视监控系统等。一级石油库尚应设置计算机局域网络、入侵报警系统和出入口控制系统，并可根据需要设置调度电话系统、巡更系统。

电信设备供电应采用 220VAC/380VAC 作为主电源。当采用直流供电方式时，应配备直流备用电源；当采用交流供电方式时，应采用 UPS 电源。小容量交流用电设备，也可采用直流逆变器作为保障供电的措施。

一、自动电话系统

油库自动电话系统的设置，应根据油库的特点、规模、工程投资、总平面布置等因素综合考虑，现简述如下几点原则。

（1）油库的自动电话系统，采用行政和调度合一的电话系统。三级、四级、五级油库一般不设电话交换机，宜直接从当地电信公司外引模拟电话线路，在综合办公楼内设电话分线箱，在市话局设虚拟局域交换网络。

（2）数字程控交换机的选型：二级以上油库应设计采用自动程控数字交换机，电话交换机配备数字中继接口、模拟用户接口、光缆接口、X.25 接口、ISDN 接口、数据通信接口（异步及同步）、卫星通信接口。

（3）电话交换机电源负荷等级按二级设计，从油库不同的两段低压母线各引一条低压电缆。

（4）选用成品保安配线柜。

（5）电话交换机房对其他专业的要求：

① 电话交换机设置在机柜间，与网络交换机、闭路电视监控机柜、火灾报警控制器、有线电视前端箱、仪表机柜间等同设在一间。机柜间设空调系统，设300mm 高防静电地板，设置金属纱窗及墙壁内设金属挂网。并与构造柱、圈梁、M 型等电位连接网络等组成防电磁法拉第网；

② 长期工作温度 18~28℃；短期工作温度 10~35℃；

③ 长期工作相对湿度 35%~75%；短期工作相对湿度 10%~90%；

④ 程控交换机室及 LAN 设备室应设置二氧化碳或者卤代烷灭火器。

（6）建筑物群之间的市话电缆采用铜芯聚乙烯绝缘、聚乙烯护套钢带铠装通信电缆（HYY22）直埋地敷设。

（7）建筑物内采用暗装铁壳电话分线箱，综合布线应采用超五类以上双绞线穿镀锌水煤气钢管在墙内或现浇楼板内暗敷至暗装电话出线座。电话分线箱和电话出线座安装高度距室内地坪 0.3m。

（8）普通电话机采用双音多频电话机，消防值班室采用自动录音电话机。消防值班室还应设 119 直通电话。储罐区和装卸区设置防爆火灾报警电话。

（9）计算机局域网络应满足油库数据通信和信息管理系统建设的要求。信息插座宜设在油库办公楼、控制室、化验室等场所。

二、火灾报警系统

油库的生产区、公用及辅助生产设施、全厂性重要设施和区域性重要设施的火灾危险场所应设置火灾自动报警系统和火灾电话报警。

（一）火灾自动报警系统的设计要求

（1）石油库火灾自动报警系统设计，应符合现行国家标准《火灾自动报警系统设计规范》GB 50116—2013 的规定。

（2）生产区、公用工程及辅助生产设施、全厂性重要设施和区域性重要设施等火灾危险性场所，应设置区域性火灾自动报警系统。

（3）两套及两套以上的区域性火灾自动报警系统，宜通过网络集成为全厂性火灾自动报警系统。

（4）火灾自动报警系统应设置警报装置。当生产区有扩音对讲系统时，可兼作为警报装置；当生产区无扩音对讲系统时，应设置声光警报器。

（5）区域性火灾报警控制器，应设置在该区域的控制室内。当该区域无控制室时，应设置在 24h 有人值班的场所，其全部信息应通过网络传输到中央控制室。油库在消防站值班室、独立的中心控制室设区域火灾报警控制器，报警控制器设 CAN 及 RS485 接口，与感烟探测器之间采用总线方式。

（6）火灾自动报警系统可接收电视监视系统（CCTV）的报警信息，重要的火灾报警点应同时设置电视监视系统。

（7）重要的火灾危险场所应设置消防应急广播。当使用扩音对讲系统作为消防应急广播时，应能切换至消防应急广播状态。

（8）全厂性消防控制中心宜设置在中央控制室或生产调度中心，宜配置可显示全厂消防报警平面图的终端。

（9）储罐区和装卸区设置带地址编码的防爆手动报警按钮，在甲、乙类装卸区周围和储罐围堤外四周道路以及汽车装车设施及火车卸车设施区域，每隔 35m 设一个防爆手动报警按钮。

（10）单罐容积大于或等于 $30000m^3$ 的浮顶罐的密封圈处应设置火灾自动报警系统；单罐容积大于或等于 $10000m^3$ 并小于 $30000m^3$ 的浮顶罐的密封圈处宜设置火灾自动报警系统。单罐容量大于或等于 $50000m^3$ 的外浮顶罐，应在储罐上设置火灾自动探测装置，并应根据消防灭火系统联动控制要求划分火灾探测器的探测区域。当采用光纤型感温探测器时，光纤感温探测器应设置在储罐浮盘二次密封圈的上面。当采用光纤光栅感温探测器时，光栅探测器的间距不应大于 3m。

（11）火灾自动报警系统的 220VAC 主电源应优先选择不间断电源（UPS）供

电。直流备用电源应采用火灾报警控制器的专用蓄电池，应保证在主电源事故时持续供电时间不少于8h。

（二）火灾电话报警的设计要求

（1）油库内应设消防值班室，消防值班室内应设专用受警录音电话。

（2）消防值班室与油库值班调度室、城镇消防站之间应设直通电话。

（3）消防站应设置可受理不少于两处同时报警的火灾受警录音电话，且应设置无线通信设备。

（4）储罐区、装卸区和辅助作业区的值班室内，应设火灾报警电话。

（5）在生产调度中心、消防水泵站、中央控制室、总变配电所等重要场所应设置与消防站直通的专用电话。

三、工业电视监控系统

三级及以上成品油库应设工业电视监控系统，重点监视储罐区、油泵房、装卸车区、码头、油库出入口等部位，并根据安装场所选择适用的摄像机。

（1）电视监控系统的监视范围应覆盖储罐区、易燃和可燃液体泵站、易燃和可燃液体装卸设施、易燃和可燃液体灌桶设施和主要设施出入口等处。电视监控操作站宜分别设在生产控制室、消防控制室、消防站值班室和保卫值班室等地点。当设置火灾自动报警系统时，宜与电视监视系统联动控制。

（2）在油罐区高杆照明塔、大门守卫室、泵房、装卸车区、办公楼出入口、围墙等处设置摄像机；在仪表控制室、消防站值班室及大门守卫室，设分控键盘和监视器。

（3）摄像机应为低照度；罐区高杆照明塔摄像机应具逆光补偿功能。

（4）摄像机、解码器等统一采用220V交流电，电视监控系统要求用电设备的端电压变化范围不大于220V±10%。

（5）油库平面分布很大，摄像机采用总线式供电和分散供电相结合的方式供电，所有摄像机均应采用同一相线。个别不能满足电压质量要求的，设置电子稳压器。

四、无线对讲系统

油库流动作业的岗位，应配置无线电通信设备，并宜采用无线对讲系统或集群通信系统。无线通信手持机应采用防爆型。

无线对讲系统设备除须符合本设计所提出的技术要求、功能要求和环境使用要求外，还须符合国内相关标准，并取得国家有关监督、检验、认证机构的认证。

对讲机主要参数如下：

发射功率：2~5W；

工作方式：同频单工或异频单工；

通信距离：5km；

频道：1~20 个；

防爆标志：dib Ⅱ CT$_5$（不能低于使用区域的防爆要求）；

功能要求：设备要求抗干扰能力强，操作简单，维护工作量小，在设备标定的通话范围内，通话质量清晰，音量可调。

五、生产及安全巡更系统

在重要的生产岗位、安全防范地点应设置安全巡更系统，巡更系统可选用离线式。

六、门禁控制系统

门禁控制系统属于弱电智能化系统中的一种安防系统，是近年广泛应用的高科技安全设施之一，在国内外重要场所得到广泛普及和应用。在十分注重安全的今天，对进出一些重要场所（如储油区、作业区等）的人员，给予进出授权控制，门禁系统起着不可缺少的重要作用。门禁控制系统作为一种新型现代化安全管理系统，集自动识别技术和现代安全管理措施为一体，涉及电子、机械、光学、计算机技术、通信技术、生物技术等诸多新技术。

门禁控制系统通过在主要管理区的通道口安装门磁开关、电控锁或读卡机等控制装置，由中心控制室监控，能够对各通道口的位置、通行对象及通行时间等实时进行控制。门禁控制系统采用电子与信息技术为系统平台，以识别人和物的数字化编码信息、数字化特征信息为技术核心，通过识别处理相关信息，从而驱动执行机构动作和指示，对目标在门禁的出入行为选择实施放行、拒绝、记录或报警。其基本功能是事先对出入人员允许的出入时间段和出入区域等进行设置，之后则根据预先设置的权限对进门人员进行有效地管理，通过门的开启与关闭来保证授权人员的自由出入，限制未授权人员的进入，对暴力强行进出门行为予以报警，同时，对出入门人员的代码和出入时间等信息进行实时的登录与存储。

油库宜在综合办公楼、中心控制室、中心化验室、消防站等处设置门禁工作刷卡系统。三级及以上成品油库的综合办公楼、中心控制室、中心化验室、消防站等处宜设置门禁和工作刷卡系统。

门禁是一个系统概念，整个门禁系统由卡片、读卡器、控制器、锁具（磁力锁、电插锁、阴极锁等）、按钮、电源、线缆、门禁软件及门磁开关等设备组成，见图5-15。

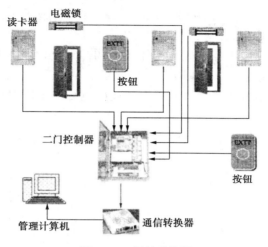

图5-15 门禁系统图

七、公共广播和综合报警系统

油库宜设置公共广播和综合报警系统。在场区和建筑物内设置扬声器，功率放大器应设置在机柜间，放大器功率应在实际使用基础上考虑10%~30%的裕量。

公共广播和综合报警系统应与火灾自动报警系统联动。

八、周界报警系统

周界是油库外围防护设施，是油库的第一道防线。然而由于周界很长，一些地段偏远，人工难以全天候巡查，往往遭受非法入侵。为确保油库的安全，把好油库的第一道关，建设油库周界防范系统是很有必要的。周界防范系统以防区为基本单元进行管理。

周界防范系统的基本功能是自动探测发生在防区内的非法越界行为，一旦探测到有越界，立即产生报警信号，并提供发生报警的区域部位，同时与视频监控系统、电话报警系统构成联动，快速显示报警现场图像并进行录像，再辅以人工巡更、声音监听等必要的防范措施，即可形成油库的第一道技术防范屏障，周界防范系统可有效地防范对油库周界的非法侵入。

作为监视系统的一种辅助手段，周界报警系统宜沿油库围墙布设，报警主机宜设在门卫值班室或保卫办公室内。

九、通信线路敷设

（1）室内通信线路，非防爆场所宜暗敷设，防爆场所应明敷设。

（2）室外通信线路敷设应符合下列规定

① 在生产区敷设的电信线路宜采用电缆沟、电缆管道埋地、直埋等地面下敷设方式。采用电缆沟时，电缆沟应充沙填实。

② 生产区局部地方确需在地面以上敷设的电缆应采用保护管或带盖板的电缆桥架等方式敷设。

第六章　油库现场常用仪表及其维护检修

第一节　油罐常用液位仪表

一、雷达液位计

雷达液位计适用范围非常广泛，可以对球形罐、卧式罐、拱顶罐、内浮顶罐和外浮顶罐等的液位进行测量。从被测介质来说，可以对液体、颗粒、料浆，各类导电、非导电介质、腐蚀性介质进行测量。

（一）基本测量原理

发射—反射—接收是雷达液位计的基本工作原理。

雷达传感器的天线以波束的形式发射电磁波信号，发射波在被测物料表面产生反射，反射回来的回波信号仍由天线接收。发射及反射波束中的每一点都采用超声采样的方法进行采集。信号经智能处理器处理后得出介质与探头之间的距离，送终端显示器进行显示、报警、操作等。

在发射的时间间隔里，天线系统作为接收装置使用。仪表分析、处理运行时间小于 10^{-9}s 的回波信号，并在极短的一瞬间分析处理回波。雷达传感器利用特殊的时间间隔调整技术，将每秒的回波信号进行放大、定位，然后进行分析处理。因此雷达传感器可以在极短的时间内精确细致地分析处理这些被放大的回波信号，无须花费很多时间来分析频率。

（二）主要技术指标

测量范围：0~40m；

测量精度：±1mm，±3mm；

分辨率：1mm；

输出信号：4~20mA（HART）；

电源：220VAV，24VDC。

（三）安装方式

雷达液位计常采用法兰连接，在罐顶安装。

雷达液位计安装短管的外壁离罐壁为罐直径 1/6 处，最小距离为 200mm。注意不能安装在入料口的上方，不能安装在中心位置。如果安装在中央，会产生多重虚假回波，干扰回波会导致信号丢失。如果不能保持仪表与罐壁的距离，罐壁上的介质会黏附造成虚假回波，在调试仪表的时候应该进行虚假回波存储。

（四）生产应用

现阶段，雷达液位计广泛应用于罐区自动监控管理中的储罐液位测量中。它可以接多个 RT 信号和 4~20mA 输入，与现场多点温度计、压力变送器等仪表相结合，既能够在现场罐旁表中显示液位、密度、温度等参数，也能远传至控制系统中进行显示，实现油品的精确测量。

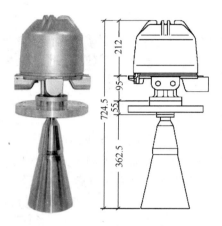

图 6-1　NRLG-1000 雷达液位计

（五）典型雷达液位计

NRLG-1000 雷达液位计（图 6-1）是日本东京计装株式会社在采用现有的 FMCW 的技术上开发的雷达液位计。创新的双模喇叭口式天线高效地发射和接收雷达波，这一技术的应用实现了用最少的成本，安装使用高精度的雷达液位计，可用于单机至罐区的各种液位高精度测量。

1. 技术原理

雷达波发射接收原理。

2. 功能特点

（1）采用复模喇叭天线，连续调频波 FMCW 9.5~10.5GHz。

（2）具有 RS485MODBUS/HART 协议等通用性的远程输出。

（3）6in/8in 用的天线可以容易的安装到现有仪表安装接口。

（4）标准配备平均温度计接口。

（5）不受被测介质限制，可广泛对应各种应用。

（6）防爆等级：Exd Ⅱ BT$_4$。

（7）可以通过使用专用 PC 软件简单地进行调整，具备充实的诊断功能。

（8）对应油罐自动监视系统。

（9）既可以用于单一油罐也可以应用于各种小规模及大规模罐区。

（10）适合安装于锥顶罐、拱顶罐。

3. 主要性能参数

NRLG-1000 雷达液位计主要性能参数见表 6-1。

表 6-1　NRLG-1000 雷达液位计主要性能参数

项　　目	参　数	项　　目	参　数
测量对象	液体	安装接口	6in 或 8in 法兰（ANSI/JIS 等）
测量精度（mm）	±1（0~10m）	电源（VAC）	90~240
测量范围（m）	0.5~20	输出	RS485 MODBUS/HART/FW-9000
液温（℃）	-20~80	温度计	可选
压力（bar）	-0.2~2.0	罐边显示器	可选
环境温度（℃）	-20~80	输入	电流调制信号（平均·单点温度计）/4~20mA（压力计等）平均（单点）

二、伺服液位计

伺服液位计广泛用于储罐液位的高精确度测量，主要应用对象为轻质油品及绝大部分的化工产品，尤其是具有挥发性的产品介质。不仅可以测量介质液位，同时还具有密度测量功能、油水界面测量功能、介质的平均密度和密度分布测量功能。

（一）基本测量原理

伺服液位计的测量是基于浮力平衡的原理而设计的，如图 6-2 所示。

固定在驱动电机的内磁铁轮与经过精密加工的轮毂（即外磁铁轮）之间完成磁偶合。使得轮毂和驱动电机形成同步旋转，而内磁铁轮与轮毂（外磁铁轮）之间被仪表外壳完全隔离，从而使得被测液体腔与电气部分完全隔离而满足防爆要求，将测量钢丝均匀整齐地排列在轮毂上。浮子通过测量钢

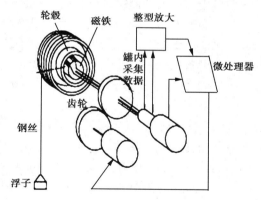

图 6-2　伺服液位计测量原理

丝被送到罐内。当罐内液位（界面或密度）变化时，由于浮子的重量随变化的液位而改变，浮子变化的重量使得轮毂（外磁铁轮）与内磁铁轮之间形成耦合差。将该信号送入微处理器进行计算判断后，给伺服电机发出控制指令，使得罐内浮子始终随液位高度的变化而变化。从而即可以通过测量轮毂的旋转角度，计算后得到液位的高度值。当需要仪表测量界面或密度时，只需在菜单中设置即可。

（二）主要技术指标

测量范围：0~50m；

测量精度：±1mm；

分辨率：1mm；

输出信号：4~20mA（HART）；

电源：220VAV，24VDC。

（三）安装方式

（1）伺服液位计常采用法兰连接，在罐顶安装。

（2）伺服液位计在拱顶罐上安装时，可采用直接安装的形式，用户可以通过标定接头实现法兰的转接。

（3）伺服液位计在内浮顶罐上安装时，由于浮盘存在移动和转动的可能，为了保护测量钢丝不受浮盘的影响，通常安装稳液管。稳液管必须竖直，内部必须光滑没有毛刺，管上的开孔和安装需要严格遵照厂家的要求，以保证测量的准确度。

（四）生产应用

伺服液位计多应用于大型储罐液位的高精确度测量，可以实现如油位、密度、温度、油水界面等多种参数的综合测量，同时也可以选用差压变送器、温度变送器等外部测量设备，实现对计量系统的升级改造。现在伺服液位计在国际上广为采用，是大型储罐计量设备的首选仪表。

在安全方面，伺服式液位计采用磁耦合技术，将电气部分与油气完全密封隔绝，保证了现场应用的安全，目前中石油、中石化、中航油储罐计量基本上都采用该类设备。

（五）典型伺服液位计

1. 854系列伺服液位计

854系列伺服液位计（图6-3）的主要应用于各种商业交接和商储油库，可以安装于内浮顶罐、拱顶罐、外浮顶罐、覆土罐、洞库（深度超过300m）等。用于油品的计量交接和库存管理目的。854系列伺服液位计在国际国内应用极其广泛，已经成为行业标杆，在国内已经有超过5000台的应用业绩。

图6-3　854系列伺服液位计

（1）产品简介：

① 854 系列伺服液位计是一种高精度、高可靠性、移动部件较少，集多种测量功能为一体的计量交接级自动储罐液位计。

② 854 系列伺服液位计完全按照美国石油协会（API）和国际法制计量组织（OIML）的标准进行设计和生产制造，早已取得了包括中国在内的世界主要国家的贸易交接计量认证和安全防爆认证，已经成为世界范围内各类液体石化产品的贸易计量交接和库存管理应用的最佳选择。

③ 854 系列伺服液位计采用多功能模块化结构，可以接入多点平均温度计、单点温度计和 HART 协议的压力信号，提供了完善的贸易交接计量，或者库存管理计量的测量方案。用户还可以选择液位模拟信号输出、伺服密度测量、外接油水界面测量设备等功能，实现各种不同的输入输出功能。

④ 用户可以使用 Enraf 公司的便携终端（PET），通过红外线接口与液位计连接，或者利用 Enraf 的 Ensite 组态调试软件，通过 Enraf BPM 通信总线很容易地对 854 系列伺服液位计进行远程调试和组态。

⑤ 随着储罐测量技术的发展，在液化和轻质产品的测量方面，Enraf 854 系列伺服液位计已经成为全世界公认的行业标准。

（2）系统配置。根据用户的要求，为确保罐区系统中各类产品储运数据源的准确、可靠和实时性，参照 API 3.1B 关于对自动液位计的测量精度、重复性及灵敏度，API 7 对温度自动计量的精度、温度测量点数等指标的具体要求，根据仪表设计规格书的要求，对于不同的位号和产品的推荐方案：

① 每座储罐上安装一套荷兰 Enraf 公司生产的 854XTG 高精度伺服液位计，液位计测量精度为±1mm，重复性为±0.1mm，水位测量精度为±2mm。

② 每座储罐上安装一套荷兰 Enraf 公司生产的 VITO 767/762 多点平均温度计系统，每套 VITO 767 含有 9 个温度测量点，测温精度为±0.1℃。温度测量信号通过 VITO 762 智能温度选择器转换为 HART 数字协议，无损传输给 854XTG 伺服液位计。

③ 每座储罐底部安装一套美国 Honeywell 公司生产的 STD130 高精度差压变送器，压力信号通过 HART 数字协议传输给 854XTG 伺服液位计。

④ 854XTG 伺服液位计+STD130 高精度压力变送器构成了 HIMS 混合式测量系统，提供高精度的液位和密度数据。

⑤ 854XTG 伺服液位计将液位、水位、多点平均温度（包含产品温度、气相温度以及温度分布）、密度、报警以及仪表状态等信息，通过 Enraf BPM 现场总线传输到控制室，最大通信距离为 10km。

⑥ 每个控制室内安装一套 780 SmartLink 通信接口单元，将来自液位计的

Enraf BPM 现场总线信号转为 RS－232/485 信号，接入上位机。每套 780 SmartLink 最多可以配备 3 块 BPM 通信卡，每块卡最多可以接入 12 套 854XTG 伺服液位计的信号。

⑦ 每个控制室内安装一套 EntisMAX 库存管理软件，改软件可以实时显示罐内的液位、温度、压力、密度及报警信息，实时计算并显示罐内液相体积及罐内介质的质量。还可以通过 Modbus，OPC 或者数据库的形式向其他系统提供库存数据信息。

（3）系统结构图。系统结构见图 6-4，图中标注说明见表 6-2。

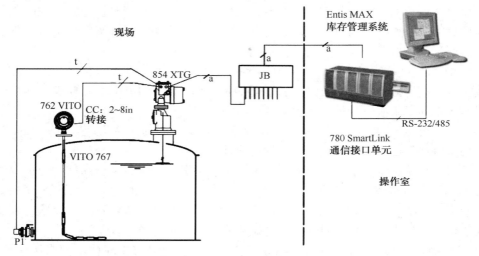

图 6-4　854 系列伺服液位计系统结构图

表 6-2　854 系列伺服液位计系统结构图中标注说明

854XTG	高精度伺服液位计	a：通信电缆类型	电缆种类	1 根双芯屏蔽电缆
VITO 762	762 智能温度选择器		电缆阻抗（R_{max}）	200Ω/根
VITO 767	767 9 点温度测量元件		电缆容抗（C_{max}）	1μF
P1	高精度压力变送器		非本安	
CC	标定接头 2-8 150 lbs	t：电缆类型	电缆种类	1 根双芯屏蔽电缆
780	通信接口单元		电缆阻抗（R_{max}）	25Ω/根
JB	防爆接线盒		电缆容抗（C_{max}）	670μF
			本安	0.65mH

（4）测量原理。854 伺服液位计的测量基于阿基米德原理，采用高精度力传感器、高精度伺服电机系统和测量磁鼓。其伺服测量机构见图 6-5。

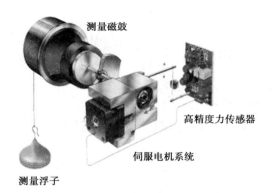

测量磁鼓

高精度力传感器

伺服电机系统

测量浮子

图 6-5　伺服测量机构

（5）测量过程：

① 854 伺服液位计的测量基于阿基米德原理。测量浮子处于被测液体的表面，测量浮子的底部通常沉入液面 1~2mm。此时，测量浮子受到其本身的重力和液体的浮力(阿基米德浮力原理)，在测量钢丝上则表现为测量浮子所受重力和浮力之合力，即测量钢丝上的张力。

② 当液位静止时，测量浮子处于相对静止状态。此时，测量钢丝、测量鼓及力传感器以杠杆滑轮原理构成力平衡，工厂给定静止状态下测量钢丝上的张力为 208g，高精度力传感器不断地检测到平衡张力是否为 208g。

③ 当液位下降时，测量浮子所受浮力减小，则测量钢丝上的张力增加，力传感器立即检测到这一变化，控制器随即发出命令，伺服电机带动测量鼓逆时针转动，伺服电机以 0.05mm 的步幅放下测量钢丝，测量浮子不断地跟踪液位下降的同时，计数器记录了伺服电机的转动步数，并自动地计算出测量浮子的位移量即液位的变化量。

④ 当液位上升时，这个过程相反。

⑤ 油水界面的测量，只要将平衡张力改为 120g，测量浮子则会自动地穿过油层到达油水界面，通过测量浮子的位移量，即可算出水位的高度。

⑥ 在测量液位的基础上，854 伺服液位计可以测量产品液位以下 10 个点的密度，通过平均计算可以获得产品的平均密度和密度分布。

（6）主要特点：

① 测量精度最高±0.4mm(ATG 型)，±1mm(XTG 型)。

② 重复性 0.1mm，极高的测量可靠性。

③ 全量程 27m 无盲区，可以无盲区测量罐底水位。

④ 经德国 TUV 测试认证的 SIL2 级别防溢流安全认证，具有高、高高、低、

低低液位报警功能。

⑤ 在现场用本安的手持器进行液位计的组态。

⑥ 在线标定或工作校验和严密的自诊程序，保证随时掌握液位计状态。

⑦ 可带油安装，无须现场设备停运和动火。

⑧ 油罐静水压变形修正。

⑨ 通过手操器或者上位系统发送指令，可以随时进行仪表的自标定及重复性测试。

⑩ 支持两种密度测量方式：

a. 伺服密度法可以获得当前液位下不同高度层的密度分布信息。

b. 与高精度压力变送器结合，混合法可以获得高精度平均密度。

⑪ 日常操作无需维护，仪表本身无需操作。

（7）技术指标。854 系列伺服液位计技术指标见表 6-3。

表 6-3　854 系列伺服液位计技术指标

测量指标	量程	标准 27m，可选 37m，35m（此时测量钢丝可达 150m）
	液位测量精度	≤±0.4mm（ATG 型），±1mm（XTG 型）
	界面测量精度	≤±2mm
	密度测量精度	≤±3kg/m^3（经过现场标定后≤±1kg/m^3）
	温度测量精度	±0.1℃（需要外接高精度温度传感器）
	灵敏度	±0.1mm
	重复性	±0.1mm
	波动积分时间	可在 0.5~10s 之间 3 点可编程
	最大浮子运动速度（最大液面跟踪速度）	40mm/s
机械指标	安装法兰	按照选型代码第 9、10 位
	质量	中压型 16kg，化工品型 21kg，高压型 26kg
	电缆进口	4 个 3/4inNPT 阴螺纹接口
使用环境	操作压力	中压型和化工品型≤6bar，高压型≤40bar（4MPa/600psi）
	环境温度	-40~70℃
	防护等级	IP65 依据 EN60529（NEMA4）
	安全性	隔爆，-Exd(ia)/(ib)Ⅱ BT$_6$ 依据 NEPSI（中国国家防爆标准）
材料指标	伺服机构腔体部分以及端盖	所有型号均为铸铝
	测量鼓室	中压型为铸铝，化工品和高压型为不锈钢
	外壳表面处理	铬盐酸钝化处理

材料指标	测量磁鼓及磁鼓轴	不锈钢
	测量钢丝	见选型代码第 12 位
	O 型圈	鼓室端盖为硅和氟化乙丙烯，其他部位为睛基丁二烯橡胶
电器性能	电源	110/130/220/240VAC（−20%～+10%），可选 65VAC（−20%～+10%）
	频率范围和功率	45～65Hz，25VAC，$I_{max} = 2A$
	绝缘电压和雷电保护	>1500V，采用隔离变压器，完全隔离雷电
通信类型	通信类型	串行 ASCⅡ码，双向标志调制（BPM）
	通信协议	EnrafBPM 现场总线，GPU 协议
	电缆	双绞线，$R_{max} = 200\Omega/$线，$C_{max} = 1\mu F$
	与 PET 通信	红外，串行通信
可选择项	报警输出	2 个 SPDT 单刀双掷电隔离，$V_{max} = 240V$，$I_{max} = 3A$
	密度测量	见选型代码第 15 位，同时必须选用带密度测量功能的浮子
	液位模拟量输出	4～20mA（输出精度：全量程±0.1%）
	输入板	Pt100 单点温度信号、VITO 平均温度计信号（来自 VITO 智能温度选择器）、HART 协议的压力信号和 HART 协议的水位信号（来自外部的水位探头）
	其他数据通信类型	RS-232C/RS-485，罐旁指示器

2. NMS5 伺服液位计

（1）NMS5 伺服液位计主要性能，见表6-4。

表6-4　NMS5 伺服液位计主要性能

外形图	主要性能
	（1）基于阿基米德原理的伺服液位测量原理
	（2）高精度，误差不超过±0.7mm
	（3）采用 24VDC 或 220VAC 供电
	（4）全中文界面
	（5）大屏带背光补偿
	（6）安装在油罐的 ANSI3in 法兰口或 ANSI3in 导向管上，采用法兰连接方式安装
	（7）伺服液位计的安装与油罐的导向管相匹配，并提供伺服液位计安装用的经过防锈处理的螺栓、螺母、垫圈、垫片等紧固件
	（8）标准的测量浮子，采用不锈钢材质制造

外形图	主要性能
	（9）一体化结构，采用模块化及集成化设计，卡件式安装
	（10）配有单独的罐旁显示仪，可以显示液面高度和介质平均温度及各测量点温度
	（11）具备总线数据总线通信功能，能远距离传输液位、温度、密度等数据信号
	（12）有自检、错误诊断功能，并有故障代码显示
	（13）在测量范围内无测量死区，无零点漂移，并具有远程调试、随时进行重复性测试和液位标定的功能
	（14）伺服液位计具有安全防雷击及防浪涌电路设计，可预防雷电及浪涌电流对设备造成的损害
	（15）可与全厂计算机控制系统的 DCS 进行通信，并提供相关组态软件

（2）NMS5 伺服液位计主要技术指标，见表 6-5。

表 6-5　NMS5 伺服液位计主要技术指标

精确度	重复性精度	分辨率	防护等级	防爆等级
±0.7mm	0.1mm	0.1mm	IP67	Exd(ia) II BT$_6$
输入电源	输出信号	测量范围	电气接口	外壳
220VAC/50Hz，24VDC	数据总线 V1	0~28m	3/4inNPT 内螺纹	铸铝外壳

三、磁致伸缩液位计

磁致伸缩液位计用于石油化工原料储存、工业流程、生化、医药、食品饮料、罐区管理和加油站地下库存等各种液罐的液位工业计量和控制，大坝水位和水库水位监测与污水处理等。

（一）基本测量原理

磁致伸缩液位计的基本结构如图 6-6 所示。传感器的电路部分将在波导丝上激励出脉冲电流，该电流沿波导丝传播时会在波导丝的周围产生脉冲电流磁场。在磁致伸缩液位计的传感器测杆外配有一个浮子，此浮子可以沿测杆随液位的变化而上下移动。在浮子内部有一组永久磁环。当脉冲电流磁场与浮子产生的磁环磁场相遇时，浮子周围的磁场发生改变从而使得由磁致伸缩材料做成的波导丝在浮子所在的位置产生一个扭转波脉冲，这个脉冲以固定的速度沿波导丝传回并由检出机构检出。通过测量脉冲电流与扭转波的时间差可以精确地确定浮子所在的位置，即液面的位置。磁致伸缩液位计还可应用于两种不同液体之间的界位测量。

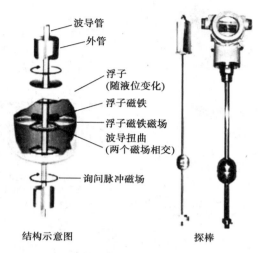

结构示意图　　　　　探棒

图6-6　磁致伸缩液位计

（二）主要技术指标

测量范围：0~30m；

精度：±1mm；±0.3mm；

分辨率：0.1mm；

输出信号：4~20mA，RS-485；

电源：24VDC。

（三）安装方式

磁致伸缩液位计有多种安装方式。用于测量拱顶罐、浮顶罐、卧式储罐的液位、介质温度时，采用顶部法兰安装。用于生产中间液位控制、中间生产储液罐的界位时，采用侧安装。

（四）生产应用

由于磁致伸缩液位计可采用通信方式、模拟、数字方式实现信号远传，可内置温度传感器同时测量介质温度，也可同时测量、显示液位、界位、温度信号。在近几年的油库设计中，对于测量范围比较大，同时精度要求又较高的储罐测量中，磁致伸缩液位计应用极为广泛。

（五）磁致伸缩多功能液位仪

磁致伸缩多功能液位仪(图6-7至图6-9)适用于油库、加油站储罐计量。

图 6-7　MG 磁致伸缩液位仪
（测量范围：0.457~22m）

图 6-8　USTD Ⅱ 磁致伸缩液位仪
（测量范围：≤3800mm）

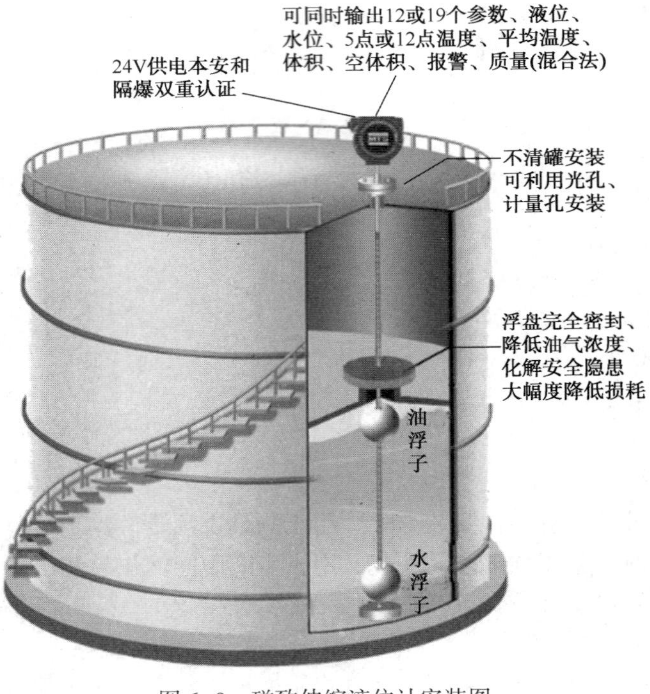

可同时输出12或19个参数、液位、
水位、5点或12点温度、平均温度、
体积、空体积、报警、质量(混合法)

24V供电本安和
隔爆双重认证

不清罐安装
可利用光孔、
计量孔安装

浮盘完全密封、
降低油气浓度、
化解安全隐患
大幅度降低损耗

油浮子

水浮子

图 6-9　磁致伸缩液位计安装图

1. 技术原理

（1）磁致伸缩液位仪电子头产生低电流"询问"脉冲，此电流同时产生一个磁场沿波导管内的感应线向下运行。

（2）浮子内装有一组永久磁铁，所以浮子同时产生一个磁场；当电流磁场与此浮子磁场相遇时，立即产生一个名为"波导扭曲"的脉冲，或简称为"返回"脉冲。

（3）从询问脉冲开始至返回脉冲被电子部件(收发器)探测到的时间便是相对于液体变动的位置(图6-10)。

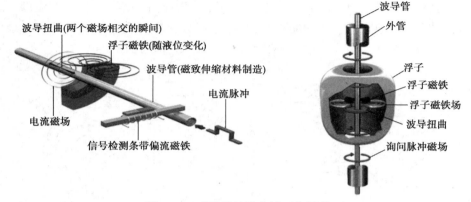

图 6-10　磁致伸缩液位计工作原理

2. 功能特点

博瑞特 MTS 磁致伸缩液位计7大核心突出特点：

（1）多参数输出，19个功能信号同时在一台仪表中输出。

（2）长距离测量，满足罐高22m大量程储罐测量。

（3）首选高精度，液面仪表精度不低于±0.794mm。

（4）不清罐安装，特殊情况下可利用光孔、计量孔安装，不需清罐。

（5）安装成本低，不需护套管，安装简单、成本低。

（6）密封有保障，浮盘开孔密封严格、罐顶密封，无油气泄漏。

（7）安全有保证，直流24V进现场，本安、隔爆双重认证。

3. 主要性能参数

磁致伸缩多功能液位仪主要性能参数见表6-6。

表6-6　磁致伸缩多功能液位仪主要性能参数

名　　称	性能参数	说　　明
测量参数	最多可同时输出19个参数	油水总高、水高、多点温度(5点或12点)、平均温度、容积、空容积、质量、报警
液位、界位测量精度	±0.794mm(MG) ±0.5mm(USTDⅡ)	
输入电压(V)	DC24	
输出信号	RS485	
测温精度(℃)	±0.25	材质/316L
防爆认证	本安认证(USTDⅡ)	隔爆/本安双重认证(MG)

四、高精度智能液位计

高精度智能液位计(图 6-11、图 6-12)能测量液面、界面、密度、温度、压力等工艺参数并实时显示和报警，还能计算罐容、剩余罐容、库容量和剩余库容，实现总貌显示、分组显示、趋势显示、动态显示等显示画面。

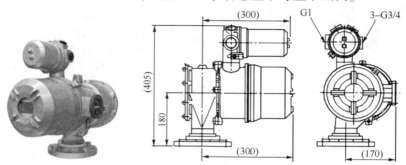

图 6-11　高精度智能液位计外形结构及尺寸

图 6-12　高精度智能液位计安装

（一）技术原理

浮力平衡原理，通过对测量线张力的检测来寻找液位，从而确定液位高度。

（二）功能特点

（1）测量精度高，标准±1mm。

（2）标配现场显示和操作，无需额外增加二次仪表。

（3）防爆等级 Exd Ⅱ CT6，防护等级 IP65。

（4）性价比高，30m 测量范围内，价位基本一致。

（5）带自诊断功能，可在线实时了解仪表状况。

（6）可选择多种通信协议和多种报警模式。

（7）日本进口电子部件和控制软件，可靠性高。使用寿命长，维护成本低。

（三）主要性能参数

高精度智能液位计主要性能参数见表6-7。

表6-7　高精度智能液位计主要性能参数

项　　目	参　　数	项　　目	参　　数
工作压力	≤3MPa	电缆接口	G3/4×2+G1/2×2，可按要求定制
测量范围（m）	0~30/0~60	额定电源	220VAC/24VDC
分辨率	0.1mm	防爆等级	Ex d Ⅱ CT$_6$
液体温度（℃）	−300~−200	防护等级	IP65
精度（mm）	±1/液位/±2mm/界面；±0.005g/cm^3	通信协议	FW−9000/RS−485MODBUS/4~20mA HART
环境温度（℃）	−20~+60/−40~+60	输出功能	提供高低位、高高位、低低位报警输出
扩展功能	温度信号输入、4~20mA 模拟信号输入、8点触点信号输入		

FMR53X 高精度雷达液位计，主要性能见表6-8。

表6-8　高精度雷达液位计-FMR53X 主要性能

外形图	主要性能
	（1）液位精度 0.5mm
	（2）中文大屏操作界面
	（3）防爆触摸按键
	（4）本安认证
	（5）最新模块化设计，使仪表维护可预测，重量轻，结构紧凑
	（6）带有自诊断功能并提示相关信息
	（7）具有多种数字总线输出方式：Modbus RS485、V1 等
	（8）采用 E+H 矩阵式操作界面，参数设置十分便利，并且具有权限锁定功能

五、超声波液位计

（一）基本测量原理

超声波液位计的工作原理是由换能器（探头）发出高频超声波脉冲遇到被测介质表面被反射回来，部分反射回波被同一换能器接收，转换成电信号。超声波脉冲以声波速度传播，从发射到接收到超声波脉冲所需时间间隔与换能器到被测介质表面的距离成正比（图6-13），此距离值 S 与声速 C 和传输时间 T 之间的关系可以用公式表示：$S = C \times T / 2$。

由于发射的超声波脉冲有一定的宽度，使得距离换能器较近的小段区域内的反射波与发射波重叠，无法识别，不能测量其距离值，这个区域称为测量盲区。

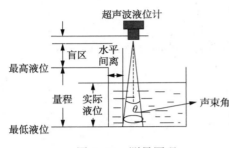

图6-13　测量原理

（二）主要技术指标

测量范围：0~100m；

精度：±3mm；

盲区：0.15~1.20m；

输出信号：4~20mA，RS-485；

电源：220VAV，24VDC。

（三）安装方式

超声波液位计在油库设计中，主要用于水罐的测量，可在罐顶采用螺纹或者法兰安装。超声波液位计必须考虑超声波液位计的盲区问题。当液位进入盲区后，超声波变送器就无法测量液位了，所以在确定超声波液位计的量程时，必须留出50cm的裕量，安装时，变送器探头必须高出最高液位50cm左右。这样才能保证对液位的准确监测及保证超声波液位计的安全。

机械安装时应注意：安装应垂直于测量物表面，避免用于测量泡沫性质物体，避免安装于距测量物体表面距离小于盲区距离（盲区：每台产品会有一个标准，随产品得知），应考虑避开阻挡物质不与灌口和容器壁相遇，检测大块固体物应调整探头方位，减少测量误差。

（四）生产应用

超声波液位计广泛应用于工业生产、污水处理等领域中，可用于探测液位、探测透明物体和材料，控制张力以及测量距离。由于采用非接触的测量，被测介质几乎不受限制，可以测量很多含酸碱或很多对卫生要求很严格的介质，可广泛用于各种液体和固体物料高度的测量。

六、音叉液位开关

（一）基本测量原理

音叉液位开关的工作原理是通过安装在音叉基座上的一对压电晶体使音叉在一定共振频率下振动。当音叉液位开关的音叉与被测介质相接触时，音叉的频率和振幅将改变，音叉液位开关的这些变化由智能电路来进行检测，处理并将之转换为一个开关信号。

（二）主要技术指标

精度：水中±1mm；

重复性：水中±0.5mm；

触点输出：常开常闭可选，继电器；

电源：220VAV，24VDC。

（三）安装方式

音叉液位开关连接可以是螺纹连接，也可以是法兰连接。用于测量高液位和低液位时安装位置不同：延长型顶装下限报警；顶装上限报警；侧装上限报警；侧装下限报警；安装于管道，防止无料时电机空转。

（四）生产应用

音叉液位开关是物位开关的一种，用于各种储罐液位的上下限液位报警或者控制；主要应用于测量自来水、矿泉水、可产生气体的液体、纸浆、胶水、染料、啤酒、啤酒发酵剂、饮料、废水、泥浆、酸碱溶液、流动性好的固体粉料或小颗粒等介质。

七、油罐液位计的维护与检修

（一）设备日常维护与保养

（1）按照控制室管理制度对相关操作人员进行监督。

（2）设备使用按照操作规定顺序开启。

（3）监督操作人员做好控制室日常保洁工作。

（二）日检查内容

（1）检查液位计软件通信状态是否存在异常。

（2）各油罐液位是否存在液位、水位超限的报警。

（3）各油罐液位、压力采集是否正常。

（4）各油罐用混合法推导出的密度与付油现场流量计采集密度是否相符，是否存在奇高或奇低的现象。

（5）白天每4h、夜间每2h对差压变送器进行检查，确认是否存在渗漏现象。

（三）月检查内容

（1）含日检内容。

（2）利用月底点库手工检尺的机会，对各油罐液位及差压变送器压力值进行零点标定。

（3）检查各种类型码转换器的工作状况及供电情况。

（4）对罐顶液位计装置进行接地测试，检查其相应套管等是否松动。

（5）通过软件虚增液位计油高使其超限，检查高液位报警蜂鸣器是否正常工作。

（四）半年检、年检查内容

（1）含月检内容。

（2）年终对油罐及液位计的接地情况进行检查，由当地具有资质的机构进行检测。

（五）检修规程

（1）液位计的检修人员必须是通过专门培训的维修人员，并应配备专用工具。

（2）拆卸前应把相应液位计的电源切掉。

（3）液位计安装时罐顶法兰间隙应均匀，垫片厚度应大小合适。

（六）液位计常见故障及排除方法

液位计常见故障及排除方法，见表6-9。

表6-9　液位计常见故障及排除方法

故　　障	原　　因	排除方法
液位压力 无数值显示	通信中断	用手抄器到现场测试，并检查转换器是否正常工作
	供电中断	检查供电系统，尝试通、断电
	个别设备损坏，干扰其他设备	到现场切断故障设备并更换
个别油罐 超限报警	数据采集过程数据失真	重启液位计软件
	液位显示奇低：液位浮子损失，沉入罐底	更换液位浮子

第二节　油库常用流量仪表

一、油库常用流量计的分类、规格性能及适用范围

油库常用的流量计大致分为速度式和容积式两大类。速度式流量计主要有涡轮流量计，它大都用于计量黏度、密度较小的油品；容积式主要有椭圆齿轮流量计和腰轮流量计，容积式流量计一般用于计量黏度较大的油品。

各类流量计的规格性能及适用范围，见表6-10~表6-15。

表6-10　涡轮流量变送器的规格性能及适用范围

公称通径 DN（mm）	正常流量范围 （m³/h）	扩大流量范围 （m³/h）	最大工作压力 （MPa）	工作温度 （℃）
15	0.6~4.0	0.6~6.0	1.6 6.4 16.0	
25	1.6~10.0	1.0~10.0		
40	3.0~20.0	2.0~20.0		
50	6.0~40.0	4.0~40.0		−20~120
80	16.0~100.0	10.0~100.0		
100	25.0~160.0	20.0~200.0		
150	50.0~300.0	40.0~400.0	1.6 2.5 6.4	
200	100.0~600.0	80.0~800.0		
250	160.0~1000.0	120.0~1200.0		
300	250.0~1600.0	250.0~2500.0		
400	400.0~2500.0	400.0~4000.0		

注：流量范围是用常温水标定的。

表6-11　椭圆齿轮流量计的技术性能

厂家　　一般规定	国　内	日　本
流量范围（m³/h）	0.003~540	0.0002~1000
介质温度（℃）	−20~200（通常≤120）	−35~300（通常≤120）
工作压力（MPa）	≤6.4	≤9.7
介质黏度（cP）	≤2000（可供应>2000）	≤2000（可供应>2000）
精　度	一般±0.5%，可供应±0.2%	一般±0.5%，可供应±0.2%
口径（mm）	10~50	10~50

注：1cP = 1mPa·s。

表6-12　椭圆齿轮流量计主要技术数据表

型　号	公称口径 （mm）	最大流量 （m³/h）	最小流量 （m³/h）	积累精度 （±%）	工作压力 （MPa）	压力损失 （m水柱）	工作温度 （℃）	介质黏度 （cP）
LC-10	10	0.50	0.05	0.5	1.6；6.4	≤2	−10~60	0.2~500.0
LC-15	15	1.80	0.18	0.5	1.6；6.4	≤2	−10~60	0.2~500.0
LC-20	20	3.00	0.30	0.5	1.6；6.4	≤2	−10~60	0.2~500.0
LC-25	25	6.00	0.60	0.5	1.6；6.4	≤2	−10~60	0.2~500.0

续表

型 号	公称口径 （mm）	最大流量 （m³/h）	最小流量 （m³/h）	积累精度 （±%）	工作压力 （MPa）	压力损失 （m 水柱）	工作温度 （℃）	介质黏度 （cP）
LC-40	40	15.00	1.50	0.5	1.6；6.4	≤2	-10～60	0.2～500.0
LC-50	50	30.00	3.00	0.5	1.6；6.4	≤2	-10～60	0.2～500.0
LC-80	80	60.00	6.00	0.5	1.6；6.4	≤2	-10～60	0.2～500.0
LC-100	100	120.00	12.00	0.5	1.6；6.4	≤2	-10～60	0.2～500.0
LCG-15	15	1.80	0.18	0.5	10.0	≤2	-10～60	0.2～500.0
LCG-20	20	3.00	0.30	0.5	10.0	≤2	-10～60	0.2～500.0
LCG-25	25	6.00	0.60	0.5	10.0	≤2	-10～60	0.2～500.0
LCG-40	40	15.00	1.50	0.5	10.0	≤2	-10～60	0.2～500.0

注：（1）LC 流量计一般的工作压力为 1.6MPa，如需 6.4MPa 时应与生产厂协商。

（2）超出上表规定的参数范围，用户应与生产厂协商特制。

（3）LCG 型的材料为球墨铸铁。

（4）另有变型产品 LC-100A 型，其连接法兰口径为 150mm。

表 6-13　椭圆齿轮流量计的规格及适用范围

公称通径 （mm）	流量范围（m³/h）				
	0.10～0.60cP	0.60～2.00cP	2.00～8.00cP	8.00～200.00cP	200.00～500.00cP
15	0.40～1.20	0.38～1.50	0.15～1.50	0.10～1.50	0.06～1.00
20	0.75～2.25	0.75～3.00	0.30～3.00	0.20～3.00	0.12～2.00
25	1.50～4.50	1.50～6.00	0.60～6.00	0.40～6.00	0.24～4.00
40	3.00～11.00	3.00～15.00	1.50～15.00	1.00～15.00	0.60～10.00
50	4.80～18.00	4.80～24.00	2.40～24.00	1.60～24.00	1.00～16.00
80	12.00～45.00	12.00～60.00	6.00～60.00	4.00～60.00	2.40～40.00
100	20.00～75.00	20.00～100.00	10.00～100.00	6.50～100.00	4.00～65.00
150	38.00～140.00	38.00～190.00	19.00～190.00	12.50～190.00	7.50～120.00
200	68.00～250.00	68.00～340.00	34.00～340.00	22.50～340.00	13.50～210.00
250	106.00～390.00	106.00～503.00	53.00～530.00	35.00～530.00	21.00～320.00

表 6-14　腰轮流量计的技术性能

厂　家 一般规定	国　内	日　本
流量范围（m³/h）	0.1～2500.0	0.004～1500.000（可供应 3000）
介质温度（℃）	<350（通常≤120）	-30～300（通常 80～120）

续表

厂　家 一般规定	国　　内	日　　本
工作压力（MPa）	≤6.4	<10.7
介质黏度（cP）	0.1～500.0	0.1～150000.0
精　　　度	一般±0.5%，可供应±0.2%	一般±0.5%，可供应±0.2%

表 6-15　腰轮流量计的规格及适用范围

精度等级		0.5 级		0.2 级	
黏度（cP）		0.60～3.00	3.00～150.00	0.60～3.00	3.00～150.00
不同公称直径下的流量范围（m³/h）	DN15	0.50～2.50	0.25～2.50	0.60～2.20	0.50～2.50
	DN20	0.50～2.50	0.25～2.50	0.60～2.20	0.50～2.50
	DN25	1.20～6.00	0.60～6.00	1.50～5.50	1.20～6.00
	DN40	3.20～16.00	1.60～16.00	4.00～14.40	3.20～16.00
	DN50	5.00～25.00	2.50～25.00	6.30～22.50	5.00～25.00
	DN80	12.00～60.00	6.00～60.00	15.00～54.00	12.00～60.00
	DN100	20.00～100.00	10.00～100.00	25.00～90.00	20.00～100.00
	DN150	50.00～250.00	25.00～250.00	63.00～225.00	50.00～250.00
	DN200	80.00～400.00	40.00～400.00	100.00～360.00	80.00～400.00
	DN250	120.00～600.00	60.00～600.00	150.00～540.00	120.00～600.00
	DN300	200.00～1000.00	100.00～1000.00	250.00～900.00	200.00～1000.00
	DN400	320.00～1600.00	160.00～1600.00	400.00～1440.00	320.00～1600.00

二、油库常用流量计的选用

油库常用流量计的选用，见表 6-16。

表 6-16　流量计选用参考表

油品（黏度）	流量计种类	公称直径 DN（mm）											
		15	20	25	40	50	80	100	150	200	250	300	400
汽油、灯油 （0.5～2cP）	涡轮流量计	△		△	△	△	△	△	△	△	△		△
	腰轮流量计	△	△	△	√	√	√	√	√	√	√	√	
	椭圆齿轮流量计	△	△	△	√	√	√	√	√	√	√	√	
	刮板流量计			△	√	√	√	√	√	√	√	√	

油品(黏度)	流量计种类	公称直径 DN(mm)											
		15	20	25	40	50	80	100	150	200	250	300	400
轻油 (2~5cP)	涡轮流量计			√	√	√	√	√	△	△	△		
	腰轮流量计	△	△	△	△	△	△	△	√	√	√	√	
	椭圆齿轮流量计	△	△	△	△	△	△	△	△	△	△	√	
	刮板流量计				△	△	△	△	△	√	√	√	
重油、原油 (5~50cP)	涡轮流量计											√	△
	腰轮流量计	△	△	△	△	△	△	△	△	△	△	△	√
	椭圆齿轮流量计	△	△	△	△	△	△	△	△	△	△	△	
	刮板流量计				△	△	△	△	△	△	△	△	√
高黏度油品 (750cP)	涡轮流量计											√	√
	腰轮流量计	△	△	△	△	△	△	△	△	△	△	△	△
	椭圆齿轮流量计	△	△	△	△	△	△	△	△	△	△	△	
	刮板流量计				△	△	△	△	△	△	△	△	△

注：△—推荐使用产品；√—适合使用产品。

三、涡轮流量计

涡轮流量计广泛应用于以下一些测量对象：石油、有机液体、无机液、液化气、天然气、煤气和低温流体等。在国外液化石油气、成品油和轻质原油等的转运及集输站，大型原油输送管线的首末站都大量采用其进行贸易结算。

(一)基本测量原理

流体流经传感器壳体，由于叶轮的叶片与流向有一定的角度，流体的冲力使叶片具有转动力矩，克服摩擦力矩和流体阻力之后叶片旋转，在力矩平衡后转速稳定，在一定的条件下，转速与流速成正比，由于叶片有导磁性，它处于信号检测器(由永久磁钢和线圈组成)的磁场中，旋转的叶片切割磁力线，周期性地改变着线圈的磁通量，从而使线圈两端感应出电脉冲信号，此信号经过放大器的放大整形，形成有一定幅度的连续的矩形脉冲波，可远传至显示仪表，显示出流体的瞬时流量和累计量。

(二)主要技术特点

(1)压力损失小。在线性流量范围内，即使流量发生变化，累积流量准确度也不会降低。

(2)量程比宽。涡轮流量计的量程比可达 $8 \sim 40 m^3/h$。在同样口径下，涡轮流量计的最大流量值大于很多其他流量计。

（3）具有较高的抗电磁干扰和抗震动能力，性能可靠，工作寿命长。

（4）涡轮流量计输出与流量成正比的脉冲数字信号。它具有在传输过程中准确度不降低、易于累积、易于送入计算机系统的优点。

（三）仪表组成及技术数据

电子定量灌油系统（图6-14）主要用于电子定量灌油。它由 LW 型涡轮流量变送器、前置放大器、致使或累计式显式仪表组成，用来测量流体的瞬时流量或总流量。

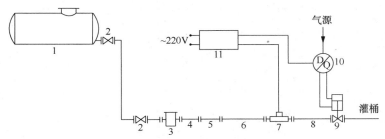

图6-14　电子定量灌油系统

1—中继罐；2—手动闸阀；3—滤油器；4—备数段；5—整流器；6—直管段；

7—涡轮流量变送器（称一次仪表）；8—直管段；9—气动闸阀；10—电气转换器；

11—电子定量灌装设备（称为二次仪表，包括前置放大器和显示仪表）

1. LW 型涡轮流量变送器主要技术数据

在电子定量灌油系统中，将通过它使流量转换为电脉冲信号，与二次仪表配合使用。

安装时要求变送器应水平，进出口处前后的直管段应不小于 15D 和 5D。变送器与前置放大器间距不得超过 3m。变送器、前置放大器与显示仪表之间用金属屏蔽线连接。其技术数据见表6-17。

2. QZH-1 型前置放大器主要技术数据

工作环境温度：-20~50℃，户外工作时可以防雨、防潮、防冻、防尘；

电源电压：9V 直流电源；

频率放大范围：10 周/s~1000 周/s；

输入信号电压：有效值为 20mV 至 500mV；

输送距离：500m 以内；

输出信号电压：有效值大于 2V；

消耗功率：0.11W；

质量：0.3kg；

生产厂：广东湛江仪表厂。

表 6-17　主要技术数据表

型号		LW-6	LW-10	LW-15	LW-25	LW-40	LW-50	LW-80	LW-100	LW-150	LW-200
	口径(mm)	6	10	15	25	40	50	80	100	150	200
测量范围（水）	最小流量（L/s）	0.028	0.069	0.166	0.44	0.889	1.66	4.44	6.94	13.89	27.77
	最大流量（L/s）	0.17	0.44	1.11	2.77	5.55	11.11	27.77	44.44	88.89	166.6
工作介质温度(℃)		-20~100									
环境相对湿度		≤80%									
工作压力(MPa)		16.0				6.4				2.5	
最大流量下压力损失（MPa）		≤0.025									
最小输出信号(mV)		>10									
最小输出频率(Hz)		>20									
精度等级		0.5~1.0									

注：介质与常温的水性质不同时，参数应修正，或重新标定。但对黏度在5cP以下的液体介质不必重新标定。

3. 数字积算器

与涡轮流量变送器（及前置放大器）配合组成涡轮流量计，测量管路中液体流量。

主要市售产品：

① 湛江仪表厂产：LS-10型数字积算器；

② 天津东方红仪表厂产：XSJ-461型积算频率仪，XFJ-1流量指示仪，EJS-A、B型无触点计数定值发信仪。

4. 稳流元件

包括备数段、整流段、变送器前直管段和后直管段。其作用是使油料在变送器前后的流线和流态稳定，以提高计量的准确性。备数段和整流段的长度均为2D。根据使用经验，变送器前管段的长度应≥10D，后直管段的长度应≥5D（D为涡轮流量变送器的直径）。

5. 气动闸阀和电气转换器

压力稳定的气源（一般为0.4MPa），通过电气转换器的控制使气动闸阀动作。气源应干净、干燥和稳定。为此，在气源上有一套附属装置，包括分水滤气器、过滤器、减压阀等。

（四）安装要求

（1）流量计必须水平安装在管道上（管道倾斜在50°以内），安装时流量计轴线应与管道轴线同心，流向要一致。对于工业测量，一般要求上游20D，下游5D的直管长度。为消除二次流动，最好在上游端加装整流器。若上游端能保证有20D左右的直管段，并加装整流器，可使流量计的测量准确度达到标定时的准确度等级。

（2）为了保证流量计检修时不影响介质的正常使用，在流量计的前后管道上应安装切断阀门（截止阀），同时应设置旁通管道。流量控制阀要安装在流量计的下游，流量计使用时上游所装的截止阀必须全开，避免上游部分的流体产生不稳流现象。

（3）流量计最好安装在室内，必须要安装在室外时，一定要采用防晒、防雨、防雷措施，以免影响使用寿命。

（五）选用注意事项

（1）涡轮流量计所测得的液体，一般是低黏度、低腐蚀性的液体。虽然目前已经有用于各种介质测量的涡轮流量计，但对高温、高黏度、强腐蚀介质的测量仍需仔细考虑，采取相应的措施。当介质黏度较大时，流量计的仪表系数必须进行实液标定，否则会产生较大的误差。气液两相流、气固两相流、浓固两相流均不能用涡轮流量计进行测量。

（2）涡轮流量计的准确度需要采取若干措施：①可以通过对流量计经常校验；②缩小范围度可提高准确度，定点使用准确度可大为提高；③可以对各种影响量进行补偿，如压力温度补偿、黏度补偿、非线性补偿等可提高测量准确度。

（六）涡轮流量变送器的维护修理与调整

涡轮流量变送器的维护修理与调整，见表6-18。

表6-18　涡轮流量变送器的维护修理与调整

故障	原　因	修理与调整
显示仪表不工作	（1）变送器—放大器—显示仪表断路或短路	（1）检查线路使之正常
	（2）信号检测器线圈断线	（2）更换线圈、线圈输出信号不小于10mV
	（3）显示仪表故障	（3）参照显示仪说明书排除
	（4）变送器本身故障	（4）拆下变送器检查

故障	原　因	修理与调整
显示表不稳定或不符合流量变化规律	（1）存在外界电磁场干扰	（1）将变压器、放大器、显示仪表间导线屏蔽，并将其屏蔽线互相接通，良好接地远离地动力线
	（2）显示仪表故障	（2）参照显示仪说明书排除
	（3）叶轮上挂有脏物	（3）清洗变送器并应装过滤器
	（4）前置放大器故障	（4）检修或更换放大器，放大器输出不小于2V
	（5）轴或轴承严重磨损	（5）更换轴或轴承
	（6）流量太小，造成信号太弱	（6）按正确使用范围使用

四、刮板流量计

刮板流量计是容积式流量计，主要用于测量原油、汽油、煤油、柴油及化工、食品等液体做贸易计算的行业。

（一）基本测量原理

转子每转一圈就排出一定量的流体，通过计算转子的转动次数从而得到瞬时流量和累计流量，如图6-15所示。

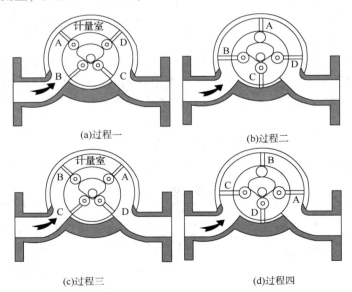

图6-15　刮板流量计基本测量原理示意图

当有流体通过流量计时，在流量计进出口流体的压差作用下，推动刮板与转子旋转到图(a)的状态，刮板 A 和 D 由凸轮控制全部伸出转子圆筒，与计量室内壁接触，形成密封的"斗"空间(计量室)，将进口的连续流体分隔出一个单元体积。此时，刮板 C 和 B 则全部收缩到转子圆筒内。在流体差压的作用下，刮板和转子继续旋转到(b)的状态，刮板 A 仍为全部伸出状态，而刮板 D 则在凸轮控制下开始收缩，将计量室中的流体排向出口。在刮板 D 开始收缩的同时，刮板 B 开始伸出。当旋转到状态(c)时，刮板 D 全部收缩到转子圆筒内，而刮板 B 由凸轮控制全部伸出转子圆筒与计量室内壁接触，B 和 A 之间形成密封空间，将进口的连续流体又分隔出一个单元体积。旋转到状态(d)时，随着刮板 A 开始收缩，计量室内的流体又开始排向出口。接着依次是刮板 C、B 和刮板 D、C 形成密封空间，然后回复到状态(a)由刮板 A、D 形成密封空间。转子旋转一周，共有 4 个单元体积的流体通过流量计(流速为 v)。只要记录转子的转动次数 N，则可以得出单位时间内刮板流量计的流量 $V = 4Nv$。

(二) 主要技术特点

(1) 计量精确度高、流量范围大、重复性好。

(2) 转动平稳、管道内流体无压力波动，无振动。

(3) 精确度受被测介质黏度变化的影响较小。

(4) 单壳体结构简单，体积小重量轻；双壳体结构避免了因高压导致的计量室变形，确保计量精度，亦可将内壳组件抽出进行维修或对管道冲洗、扫线、试压。

(5) 可按需要配备各种计数器和发信器，实现就地指示或将电信号远传。

(6) 流体状态不影响计量精度，流量计前后不需直管段，减省占地和费用。

(三) 安装要求

(1) 刮板流量计只能安装在水平管道中。

(2) 刮板流量计前后不需要直管段，因此可以不受限制地安排在容易操作的位置、方位。

(3) 刮板流量计前应安装过滤器。过滤器的目数应与流量计匹配，前后应有压力表，以通过测量压差判断过滤器阻塞情况。

(4) 被测流体中若含有气体，应在流量计前安装消气器，用来分离出液体中的气体，以便精确计量液体的流量。

(5) 室外安装流量计时，应该增加对流量计的保护措施，避免流量计受雨水、日光的侵害，以免流量计外表锈蚀、表面玻璃老化、雨水进入流量计内等。

(6) 流量计安装前需要对管线进行扫线，所有设备、管线都应该先清理后组装，千万不可将焊渣、杂物残留在设备管线内。

（四）选用注意事项

（1）刮板流量计通常应用在传统领域，如油品和高黏度介质的总量计量，但在其他领域，如工业过程测量和控制，各工业部门精确测量介质总量等领域，仪表的选用就要从性能、安装使用到价格各方面进行比较。

（2）不同厂家的刮板流量计有不同的流量范围，在该范围内使用可保证测量精度，使用可靠，使用期限长。流体腐蚀性是确定仪表选用材料的依据之一，材质对仪表价格有较大的影响，是需要慎重考虑的因素。

（3）流量计测量精度是一项比较复杂的技术指标，产品说明书所列的基本误差，是生产厂家实验室条件下校验得到的指标，现场使用实际测量误差还要视现场生产的附加误差大小而定。在选型时应针对现场实际情况采取相应措施，以保证达到要求的精确度。措施分为改善仪表本身（如增加补偿装置）和改善现场使用条件（如设置过滤器、消气器等辅助设备）。

（五）ISOIL 刮板流量计

耐德伊索 ISOIL 刮板流量计（图 6-16）专为成品油贸易结算提供高精度计量，具有精度高、重复性好的显著特点；在量程比为 10:1 的情况下，能达到精度等级±0.1%，重复性 0.01%，同时还具有优异的长期精度保持性。

(a)刮板流量计外形图　　　　　　　　(b)安装总图

(c)应用实例(一)　　　　　　　　(d)应用实例(二)

图 6-16　耐德伊索 ISOIL 刮板流量计与应用实例

　　耐德伊索 ISOIL 刮板流量计能现场显示通过流量计的体积量，配置转速表可测量通过流量计的流速，配置脉冲发射器可实现远程传输和控制。可配置 Vegal 系列的批量控制器表头，校准可以为特定的流量设定，保证仪表更高的精确度。它广泛用于标准表，用来校准各种类型的测量仪表。

　　1. 技术原理

　　当液体流经计量室时，在流量计的进出口形成压差，刮板在此压差的推动下转动，并带动转子旋转。两对刮板围绕着一个固定凸轮旋转，刮板在转动时，与计量室壁、转子及挡块内圆柱面始终保持适当间隙，转子、计量室、刮板和端盖形成一个固定容积的扇形计量腔，转子回转一周排出 4 个计量腔体积的液体，刮板的转数与被测液体的流量成正比，刮板的转动通过磁密封联轴器传动给减速机构，并带动计数器和指针转动，从而指示出被测液体的体积总量。

　　2. 功能特点

　　（1）精度高，准确度±0.1%。

　　（2）重复性好，重复性可达 0.01%。

　　（3）量程比宽，在保证精度和重复性的情况下，量程比可达 10∶1。

　　（4）精度保持性好，长期使用精度不发生改变。

　　（5）误差调整方便，采用摩擦轮式无级调差方式，可实现无级调差。

　　（6）产品功能齐全，可实现就地显示、远传（双脉冲输出），与控制阀配套可实现定量控制，批量控制器与流量计一体安装，结构紧凑。

　　（7）安装简单，不需要直管段。

　　（8）用于贸易交接的理想产品。

　　3. 主要性能参数

　　耐德伊索 ISOIL 刮板流量计主要性能参数见表6-19。

表6-19　耐德伊索 ISOIL 刮板流量计主要性能参数

项　　目	参　　数	项　　目	参　　数
测量介质	汽、煤、柴油	机械表头调差方式	无极调差
适用介质黏度(mPa·s)	0.5~10	脉冲发信器	Exd IIBT$_5$/T$_6$
介质温度(℃)	−10~100	电子表头防爆性能	Exd II BT$_6$
公称压力(MPa)	1.0、2.1	法兰标准	ANSI B16.5
量程比	10∶1		

五、质量流量计

　　随着科学技术和工业生产的发展，对流量测量的准确度和范围的要求越来越高，流量测量技术也日新月异。在现阶段的油库生产中，科氏力原理的质量流量计实现了真正意义上的高精度的直接质量流量测量，成为目前工业控制、能源计量及节能管理中常用的流量仪表。现已在石化、食品、饮料、炼油、药品、造纸、计量交接等领域中广泛应用。质量流量计分为直接式和间接式两种。

（一）基本测量原理

直接式的工作原理往往和介质的质量（密度）相关，即直接测出与 ρV 成比例的信号。目前运用较多的直接式质量流量计有利用科里奥利原理的质量流量计和利用流体与固体的热能交换原理的热式流量计。前者只能用于液体介质测量，后者多用于气体介质测量。

间接式则是在测流速的同时测量介质密度，或者测量介质的温度、压力并通过计算获得介质密度，并由密度、流速和流通面积推导出质量流量。

在油库生产应用中，大鹤管铁路装车流量计宜选用科里奥利。科里奥利质量流量计（简称科氏力流量计）是一种利用流体在振动管中流动而产生与质量流量成正比的科里奥利力的原理来直接测量质量流量的仪表。

科里奥利质量流量计结构有多种形式，一般由振动管与转换器组成。振动管（测量管道）是敏感器件，有 U 形、Ω 形、环形、直管形及螺旋形等几种形状，也有用双管等方式，但基本原理相同，如图 6-17 所示。

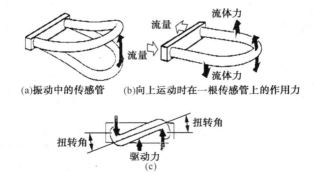

(a)振动中的传感管　(b)向上运动时在一根传感管上的作用力

图 6-17　科里奥利质量流量计原理示意图

（二）主要技术特点

（1）直接测量流体的质量，实现了真正的高精度的流量测量。

（2）管路内没有任何插入物，无可动部件，也没有电极污染等问题，因此故障率因素少，同时便于清洗、维护与保养。

（3）调整和使用很方便，不用配置进出口的直管段。

（4）能较容易地测量多相流体、固体颗粒的流体，以及高黏度的流体。

（5）精确地测量高温、低流速气体，其抗蚀、防污、防爆、耐磨等问题均已较满意地得到解决。

（6）多参数测量，在测量质量流量的同时，可以同时获取体积流量、密度与温度值。

（7）对于影响量，如压力、温度、密度、黏性以及流速分布等不敏感。

（8）有很宽的量程范围。

（三）安装要求

（1）对于液体介质，应使流量计处于管道低点。避免因背压过低而使介质汽化，影响测量结果。对于气体介质，不能使流量计处于管道局部低点，以避免测量管中有积液而产生测量误差。

（2）对于液体介质，在运行过程中必须保证介质充满管道。不能使测量管中存在气液或液固两相流体。如果安装在垂直管道上，应使流体自下向上流动。如果必须从上向下流动，则可在流量计后设置一个限流孔板，防止测量管被抽空。

（3）流量计与连接法兰必须完全对准，否则会给测量管带来外应力而影响测量结果。

（4）要避免强电磁场对流量计造成干扰，流量计附近不能有大电机等干扰源。

（5）同型号的质量流量计相邻安装时考虑将振动频率错开，避免共振产生的负面影响，而且两台流量计的间距至少相当于仪表长度的4倍。

（6）注意将流量计相位测量的固有振动频率与管道的固有振动频率，否则将引起测量的波动。

（7）质量流量计的传感器、变送器的安装应避免电磁干扰，应尽量远离易产生强磁场的设备，如大功率马达、变压器设备、变频设备等。

（8）流量计前后应安装截止阀门，以方便运行前进行零点校正。

（四）选用注意事项

（1）虽然质量流量计准确度较高，但是要注意的是由于仪表零漂较大，厂家常用一种"基本误差加零点不稳定性"方式来表示其准确度，这时如果使用流量下线或者较小流量，误差就变得很大。

（2）质量流量计仪表量程范围很大，实际上与流量上限提得很高有关，在这样高的流量上限情况下，压缩比很高，因此在仪表选型时需要推算一下管路的压力是否允许。

（3）质量流量计测量多相流应该谨慎对待，气液混合物中气泡小且分布不均匀，以及液固混合物中含有少量固体杂质是可以应用的。但是当液体中含气时，则会使测量误差急剧增加，因此使用时必须注意游离气体的排出，多相流中若有腐蚀性或者堵塞传感器测量管的浆液时，使用流量计应特别注意。

（五）Proline83F 质量流量计

Proline83F 质量流量计是基于 E+H 测量技术 Proline 设计开发的一款科氏力质量流量计变送器，全部采用数字信号处理 DSP，并符合 SIL2 的设计规范。功能强大，操作简单。

1. 结构性能

Proline83F 质量流量计结构性能，见表 6-20。

表 6-20　Proline83F 质量流量计结构性能

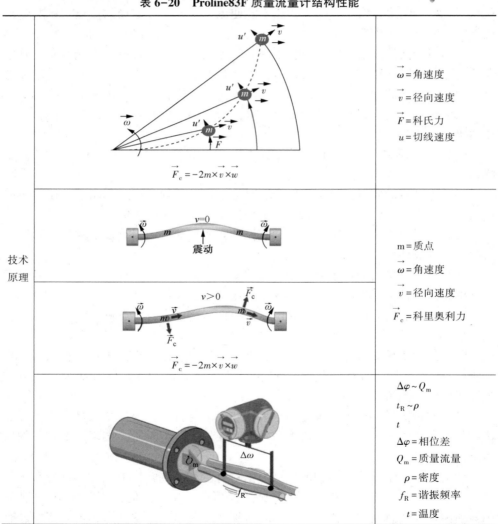

技术原理		$\vec{\omega}$=角速度 $\vec{v}$=径向速度 $\vec{F}$=科氏力 u=切线速度 $\vec{F}_c=-2m\times\vec{v}\times\vec{w}$
		m=质点 $\vec{\omega}$=角速度 $\vec{v}$=径向速度 $\vec{F}_c$=科里奥利力 $\vec{F}_c=-2m\times\vec{v}\times\vec{w}$
		$\Delta\varphi\sim Q_m$ $t_R\sim\rho$ t $\Delta\varphi$=相位差 Q_m=质量流量 ρ=密度 f_R=谐振频率 t=温度

续表

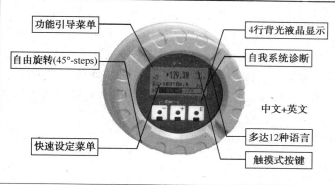

功能特点

- 功能引导菜单
- 自由旋转(45°-steps)
- 快速设定菜单
- 4行背光液晶显示
- 自我系统诊断
- 中文+英文
- 多达12种语言
- 触摸式按键

（1）直接测量质量流量（液体，气体）。
（2）同步，多参数的测量（包括质量流量、密度、温度和黏度）。
（3）高精度。
（4）极低的运行成本。
（5）不受介质特性的影响

主要用途	应用于成品油及燃料油管线高精度贸易计量。成品油及燃料油汽车、火车定量装车。适用于油库自动化解决方案，并承担信息化的构建

主要性能	E+HP roline83F 系列通用技术特点			
	质量流量精度		重复性	
	液体	气体		
	±0.15/0.1%	±0.35%	质量流量 0.05%±1/2 零点	

流量范围	公称直径 DN（mm）	8	15	25	40	50	80	100	150	250
	最大流量（kg/h）	2000	6500	18000	45000	70000	180000	350000	800000	2200000

密度精度：±0.0005kg/L

2. 操作使用

Proline83F 质量流量液体计量级优于±0.1%，计操作使用概括如下。

（1）输出及通信方式：

① 灵活输入输出的方式，可以自由组合。

② HART，Modbus，Profibus PA and DP，FF 全部数字通信方式可选。

③ 维修接口（与 E+H 工具或调试软件连接，方便快捷的进行相关诊断和参数设置）。

（2）操作界面（HMI）：

① 可选全中文操作菜单。

② 快速设定菜单，容易调试。

③ 触摸式按键，无需开盖。

④ 4 行高亮背光液晶显示。

（3）模块式高级功能软件 FieldCare（根据应用，灵活选择）：

① 浓度测量。

② 批处理功能。

③ 黏度测量。

④ 高级诊断。

（4）数据存储功能。传感器 S－DAT^{TM}，变送器 T－DAT^{TM}，功能模块 F－CHIP^{TM}（传感器参数，变送器参数以及高级功能软件储存在相应的可更换得 EP-PROM 里面）。

（六）质量流量计维护检修

1. 日常维护保养

（1）日常保洁工作，本体及连接部件有无渗漏。

（2）运转平稳、正常，无杂音。

（3）观察上位机采集的流量、流速、温度、密度在规定范围内。

2. 季检、半年检、年检

（1）含日检查所有内容。

（2）对流量计的温度、压力、密度、流量、流速进行相应的零点标定，与流量相关参数进行备份。

（3）检查清洗过滤器。

（4）由省质量技术监督局对流量计按周期（半年）进行强制检定。

3. 检维修规程

（1）流量计的检维修人员必须是通过专门培训的维修人员，并应配备专用工具。

（2）拆卸前应把相应流量计变送器的电源切掉。

（3）流量计的安装应横平竖直，以流量计为标准找平找正。各设备标志方向与介质流动方向应一致。法兰间隙应均匀，垫片厚度合适，不得凸入管内。

（4）流量计进出口阀门之间的流量计应以柴油为介质进行强度及严密性试验。流量计进出口阀门以外部分应以水为介质进行强度及严密性试验。

4. 质量流量计常见故障及排除方法

质量流量计常见故障及排除方法，见表6-21。

表6-21　质量流量计常见故障及排除方法

故障现象	故障原因	排除方法
流量计不工作（走油不走字）	变送器电源	检查供电，及时供电
	传感器存在气阻	排气
	管道泵故障	检查维修管道泵
变送器所示温度、密度与实际相差较大	传感器温度、密度的零点飘移	用手抄器或相关软件重新标定

六、双转子流量计

双转子流量计属于容积式流量计的一种，是用于管道中液体流量的测量和控制的精密仪表，广泛应用于石油、化工、冶金、电力、交通、船舶、油库、码头、槽罐车等领域和场所，特别适用于原油、精炼油、轻烃等工业液体的计量，流量计可现场指示，字码直接读数并可配发信器，输出电脉冲信号，远传到二次仪表或计算机，组成自动控制、自动检测和数据处理等系统。

（一）基本测量原理

双转子流量计是一种设计独特的容积式流量计，主要用于液体流量测量。其测量单元由两个旋状转子组成，如图6-18所示。

图6-18　双转子流量计测量原理

　　双转子的配合由一组精确的齿轮控制，靠进出口处较小的压差推动转子旋转。图6-18代表一对转子运转时的某一个横截面。同一时刻，每一个转子在同一横截面上受到流体的旋转力矩虽然不一样，但两个转子分别在所有横截面上受到旋转力矩的合力矩是相等的。因此两个转子各自作等速、等转矩旋转，排量均衡无脉动。螺旋转子每转一周可输出8倍空腔的容积，因此，转子的转数与流体的累积流量成正比，转子的转速与流体的瞬时流量成正比。转子的转数通过磁性联轴器传到表头计数器，显示出流过流量计（流过管道）的流量。

　　（二）主要技术特点

　　（1）螺旋双转子流量计在计量腔内等速回转，等流量。

　　（2）运转平稳、噪音极低。

　　（3）流量大、压力损失小。

　　（4）螺旋转子等速回转流体脉动小。

　　（5）发信脉冲稳定、准确。

　　（6）可以配置多种计数器、调速器和外部精调器。

　　（三）安装要求

　　（1）垂直安装：当垂直时，气体进口端须在上方，气流由上向下流动，即上进下出；建议尽可能采用垂直安装方式，这样安装有助于转子对脏物的自洁能力。

　　（2）水平安装：水平安装时，双转子流量计出口端轴线应不低于管道轴线，以防止气体中的杂质滞留在流量计内，影响正常运转。同时，应使双转子流量计法兰与过滤器法兰直接对接，垂直安装出口流量计过滤器。

　　（3）双转子流量计周围应无强外磁场干扰和强烈的机械振动。

　　（4）在双转子流量计上游应安装相应规格且合格的过滤器并定期清洗，可使双转子流量计减少故障和延长使用寿命。

　　（5）为不影响流体正常输送，可安装旁通管路。在正常使用时必须紧闭旁通管道阀门。

　　（6）双转子流量计投入运行时，应缓慢开启阀门，逐步增加流速，以免瞬间气流过强冲击而损坏双转子流量计内的转子。

　　（四）选用注意事项

　　（1）双转子流量计采用单壳体结构，因此高压长输管道不宜使用。

　　（2）双转子流量计在非连续使用场合再次使用时，必须从排气孔排净计量腔内空气，以防止产生气穴而导致增大计量误差和损坏石墨轴承。

　　（3）转子间隙不高于 $0.2\mu m$，且介质在计量腔内行程较长，对计量介质纯净度要求比其他容积式流量计高，需使用不低于40目的不锈钢滤网并定期清洗。

转子为铸铁材料，介质含水率要求不高于5％，否则会产生锈蚀，影响使用。

（五）LSXF 型双螺旋流量计

LSXF 型双螺旋流量计（图6-19）适用于高含砂高含水原油、含油污水、柴油、汽油、轻质油、食品油、化工流体、液化石油气等流体的计量。

（a）可拆卸式计量舱

（b）双螺旋型叶轮

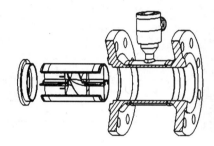
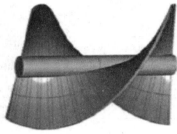
（c）LSXF型双螺旋流量计结构

（d）应用实例

图6-19　LSXF 型双螺旋流量计

1. 技术原理

LSXF 型双螺旋流量计采用双螺旋转子旋转方式，安装在光滑轴上的双螺旋转子在流体推动下转动，转子上的叶片扫过检出装置时，检出装置产生一个电脉冲信号，在一定的流量范围内，电脉冲信号的数量与流量成正比。流量转换器对电脉冲信号进行处理、运算，显示管道内流体流量。

2. 功能特点

LSXF 型双螺旋流量计具有精度高、重复性好、测量范围宽、体积小、重量轻、压力损失小、使用寿命长等诸多优点。

3. 主要性能

LSXF 型双螺旋流量计主要性能，见表 6-22。

表 6-22　LSXF 型双螺旋流量计主要性能

项　　目		参　　数
性能	准确度等级	±0.2% 或 ±0.5%(更高精度等级需特殊定制)
	重复性等级	0.02%
	黏度范围($10^{-6}m^2/s$)	0.3~5 或 5~30(其他黏度范围需特殊定制)
	流量范围(m^3/h)	0.5~800(其他流量范围需特殊定制)
机械	公称压力(MPa)	2.0/5.0/10.0 ANSI($150^{\#}/300^{\#}/600^{\#}$)
	公称通径(mm)	25/40/50/80/100/150/200
	法兰标准	ANSI B16.5
材料	转子	钛合金
	轴承	硬质合金

七、标准体积管

标准体积管是一种流量标定装置，它能对流量计实行密闭实液标定。由于标定和计量工况一致，这就消除了因黏度、温度、压力不同给流量计带来的不良影响，提高了计量精度。

(一)基本测量原理

将被检定的流量计与体积管串联，通过体积管的已知体积，来认证和标定液体流量计的精度。当流体稳定地流经被检定流量计和体积管时，由位移器从两个检测开关之间的计量段所置换出的流体体积，同流量计的示值相比较，就能确定流量计的示值误差，进而对流量计进行标定。

(二)分类

标准体积管按里换器涡街流量计活动偏向，可分为单向型和双向型；按电磁流量计体积管本身结构，可分为阅结构切换式和无阴式；按使用球体数盘，可分为一球式、二球式和三球式。

（三）主要技术特点

（1）流量计不需要进行系数换算，从而提高了计量精度。

（2）标定球有清管作用，所以它既能标定计量一般液体的流量计，也能标定计量原油和其他高黏度液体的流量计。

（3）体积管本体加工比较简单，特别是对大口径体积管比较经济。

（4）计量结果具有较好的复现性。

（四）一球双向体积管

一球双向体积管包括体积管标准计量段、体积管预行段、体积管收发球筒、体积管检测开关、四通换向阀和体积管支撑固定架等。

1. 检查与维护

（1）日常检查及内容：

① 体积管无标定作业，检查有无泄漏和其他问题。

② 压力表指示值是否正常。

（2）常规操作检查：

① 操作期间（这些检查必须在操作中完成以确保系统的完整性），确认双隔离和泄放阀、流量计和体积管系统在运行过程中没有任何泄漏。

② 操作后，排污阀及排污管线内是否有积聚的异物，这些异物应有规律的排出，排污阀应开启灵活，以通畅地排出积聚在管线内的异物。

③ 是否存在不正常的噪声、振动现象。

④ 是否存在阀门不能全开、全关或不能密封的情况。

（3）每季度检查内容：

① 包括日检查内容。

② 检查仪表设备的连线、接插件、元件等的外观完好情况。

③ 模拟信号发生器及过程仪表须每3个月标定一次，检查其示值和调节是否正确。

④ 检查是否存在因电压或电流冲击、物理损坏、电路或元器件老化导致参数或设置漂移而引发的参数不正确情况。

（4）结合流量计周期检定检查内容：

① 包括每季度检查内容。

② 结合流量计周期检定清理过滤器，保证前后压差不高于0.15MPa。

③ 对流量计下游阀门、旁路阀门、排污阀门进行检漏，保证体积管的重复性。

④ 四通阀检漏系统的检查。

⑤ 体积管的远传信号检查：主要包括检测开关脉冲信号、四通阀换向到位

及密封状态信号、体积管出口温度压力信号(4~20mA 或 24VDC 数字脉冲)。

2. 一球双向标准体积管基本故障的处理

一球双向标准体积管基本故障的处理，见表 6-23。

表 6-23   一球双向标准体积管基本故障的处理

基本故障		故障排除方法
重复性差	流量计和体积管内有气体	在计量球运行时打开放气阀门释放气体；运行体积管一段时间，使气体从高端充分排尽
		增加流量计背压
	流量不稳定	使流量稳定
	温度变化	使流量计和体积管温度稳定
	压力低于产品的汽化压力	增加流量计和体积管的背压
	压力不稳定	使压力稳定
	流量计和体积管泄漏	增加四通阀的密封力矩
		隔绝修理的阀门
		来回运行阀门使影响阀门密封的杂质消散
线性	计量尺寸缩小	取出计量球，检查计量球的圆度和尺寸，根据需要对计量球进行充压或泄压，如果损坏则更换
	计量球的尺寸不合适的典型情况：流量计的示值大于体积管的标准值，在小流量时，流量计的曲线低于 K 系数	取出计量球，检查计量球的圆度和尺寸，根据需要对计量球进行充压或泄压，如果损坏则更换
	体积管回路阀门泄漏的典型情况：体积管的值大于流量计的示值，在小流量时，流量计的曲线高于仪表系数	检查体积管回路阀门正向关闭状态
		如果阀门泄漏，则使用冲刷的办法，排除影响阀门密封的杂质
		检查安全阀是否工作正常。如果继续泄漏，告知维修人员对阀门进行维修
	流量计输油阀门泄漏的典型情况：流量计的示值大于体积管的标准值，在小流量时，流量计的曲线低于 K 系数	检查阀门正向关闭状态
		如果阀门泄漏，则使用冲刷的办法，排除影响阀门密封的杂质
		检查安全阀是否工作正常。如果继续泄漏，告知维修人员对阀门进行维修

3. 检修周期及内容

体积管的检修周期为每三年一次，检修的主要内容是：

(1) 体积管复标。体积管使用了较长时间后，其标准体积必须进行复标。在体积管复标之前，必须对体积管进行彻底的清洗，因为任何残留在体积管内的油品都会污染标定介质，影响标定容积的精度。标准体积管标定前清洗准备的基本步骤是：隔离→排污→清洗。

① 隔离。将体积管从计量系统中隔离出来，当体积管与计量系统连接的阀门关闭后，须确认每个阀门是否完全密封。密封不得存在任何问题。

② 排污。体积管内的所有油品必须从体积管排污口排出，确认计量球在快开盲板的收发筒内，必须注意排污时勿将计量球吸入计量管道内。为防止此类事故的发生，用现场操作开关将四通阀置于中间位置，打开收发球筒上的放气阀门使体积管泄压，然后打开体积管的排污阀门。打开体积管快开盲板，用去球专用工具将球取出。

③ 清洗。打开连接清洗液水池的管线。清洗剂与水的配比一般为2L清洗剂配2000L清水。这种清洗操作至少须连续进行三次。第一次清洗时，将清洗液灌满体积管，并至少进行三次双向循环，然后排空体积管内和水池内的清洗液。水池内重新灌满清洗液，并重新将清洗液充满体积管。进行体积管双向操作至少三次以上。为保证体积管容积标定精度，体积管的清洗应尽可能地完善。使用清洁的自来水，按照以上的操作方法对体积管进行三次冲洗，如果经过三次冲洗，体积管上仍然存在残留油污时，则必须重新用清洗液对体积管进行清洗。

（2）四通阀检漏。四通阀检漏系统主要由截止阀、差压开关、差压表等组成。

① 系统检查当四通阀提升换向时，上下游管线的压力与阀体内腔的压力相同，差压表指示为零，差压开关没有信号输出。当四通阀换向密封到位后，由于上、下游管线的流体与阀体内腔隔离，上下游管线的压力与阀体内腔的压力不同而形成差压，根据不同的差压值判断四通阀是否泄漏。

② 截止阀仅用于维修时切断管线流体，正常操作时应保持常开。当阀体内的压力超过管线压力时，泄压单向阀将阀体内高压泄放至管线内。

③ 差压开关输出开关信号给远程控制系统说明密封状态良好，现场差压表同时显示相应的差压值。

④ 如果四通阀处于密封状态时，现场差压表指示为零、差压开关无信号输出，则说明四通阀密封系统有问题，须检查维修。

⑤ 四通阀的维护不需要每天进行，其维护内容视具体情况而定。

在冬季来临但尚未结冰时，应打开四通阀底部的排污堵头，将四通阀内的积水排空。

在任何时候如果阀门密封捡漏系统有泄漏指示，且使用手轮加压仍不能中止泄漏，则可采用下列操作：

开关操作阀门一次，使流体流过四通阀，如果压力表仍然显示阀门泄漏，需对密封部分进行检查。

检查密封部分需在阀门放空的状态下进行。将四通阀置于非密封位置（检查压力表系统指示为零）并打开泄压阀，然后打开阀门底盘，取出密封滑块进行检查，如果需要则更换。通常在每次打开四通阀底盘后，最好更换底盘密封圈。

（3）更换齿轮操作机构：

① 尽可能紧地关闭四通阀。

② 取出联轴器销钉（从定位销方向）。

③ 卸下外壳的安装螺栓，取下齿轮操作机构。

④ 按照拆卸的相反顺序安装新的齿轮操作机构（从定位销相同方向插入联轴器销钉）。

⑤ 插入联轴器销钉后，从反方向轻叩阀塞轴。

⑥ 检查阀门的动作。

（4）计量球的检查：

① 计量球一般由球胆、充液阀门和耐油橡胶表层三部分组成。

② 计量球从体积管取出后擦净表面的油污，检查表面有无划伤。

③ 用圆规卡尺测量计量球外径并称重，与体积管上个周期检定时计量球数据对比，检查球的外径，质量是否发生变化。

④ 卸下阀帽：用专用扳手卸下阀帽，用阀芯提取器压下阀芯泄压，以保证球内没有压力。

⑤ 计量球阀门检查：卸下所有阀门（一般大球为两个），检查阀门密封圈是否完好（如果必要时则更换），检查阀芯和阀杆配合是否完好。先将一个阀门装入球内，并盖上阀帽，适当拧紧即可，过于拧紧会损坏密封圈。如有必要，用阀芯调整器调整阀杆的松紧度。此时不要将第二个阀门装入球内。

⑥ 对计量球充液：将充液工具（针）与充液泵软管快速接头连接后，从第二个阀门孔插入球体内。将使用的充液液体加入充液泵的水盆内，来回按动充液泵手柄，将液体注入球胆内，直至充满（液体从阀门孔流出）为止。

⑦ 球的外径大于体积管标准管段内径的2%～4%，同时又要保证在外界压力作用下计量球的体积不能变化。

（5）检测开关故障分析及维护。当检测开关无信号时，需对下列内容进行检查：

① 触发装置的尺寸是否适合管线直径（检测开关的检测探头应插入体积管内 $1/4 \sim 3/8$ in，即 $6.355 \sim 10.650$ mm）。

② 开关定位不正确或原始位置有变化，可通过调整重新定位。

③ 干簧触点受跌撞或大电流而损坏。检查方法：将开关组件从壳体中取出，用欧姆表连接开关的引线，然后上下移动磁体，观察欧姆表有无反应。如果开关无动作，则更换开关组件。

④ 如果开关组件检查没有问题，则问题可能在开关底座上。检查开关底座上有无异物或积垢，检测探头上有无积垢或积蜡，探头在底座上能否上下自由活动，如果有必要的话，则对底座及探头进行清洗和清理。

⑤ 检测开关的检查可以在管线带压情况下完成，但管线带压时不能将检测开关的壳体从管线上卸下。

注意：不要打开开关组件的密封，因为这可能破坏开关组件的防爆性能。

4. 检修的技术要求

（1）体积管的检修人员必须是厂家工程师或是通过专业培训的维修人员，应有专用工具。

（2）通常情况下，不要拆卸检测开关。体积管检定后进行施封，即使发生故障应由厂家工程师进行修理，修理安装完须对体积管进行重新检定。

（3）拆卸四通阀。需要对四通阀的密封滑块更换时，应提前向厂家订购。订购时需提供阀门图号、阀门规格、系列号、部件号及弹性密封材料的型号。

（4）每次打开四通阀底盘后，应更换底盘密封圈。

（5）四通阀修理后安装时，应按照拆卸的反顺序进行，为保证一次到位，在拆卸时应涂打记号。

（6）维修人员在检修、清洗体积管，特别是取计量球时，必须对身上物品（眼镜、笔、纽扣）等确认，以防掉入体积管内。

5. 检修后的验收

经过检修后的体积管，必须经国家授权的专业计量站检定合格后出具检定证书，方可投入检定流量计。验收时应提供以下技术资料：

（1）体积管检定证书。

（2）修理内容与调整记录。

（3）重要部位更换记录。

（4）电器、仪表及自动装置的调整校验记录。

6. 报废条件

检测开关、四通阀密封滑块、计量球有下列情况之一者，应予报废并进行更换。

（1）检测开关干簧触点受跌撞或大电流而损坏，经检查修理开关不能动作，当触点容量在满负载（0.75A，200V）情况时，其使用寿命为10000次以上。

（2）计量球表面划伤，椭圆度超标、体积管检定线性不符合规程要求。

（3）四通阀滑块密封条损坏。

八、流量计检查、维护、修理与调整

（一）流量计检查与维护的主要内容

流量计检查与维护的主要内容，见表 6-24。

表 6-24　流量计检查维护的主要内容

检查类别	检查维护的主要内容
日常检查	流量计本体及连接件有无渗漏
	运转是否平稳、正常，有无异音
	在规定的流量和压力范围内工作。过载能力允许超过 20%，但不得超过 30min
每季检查	包括日检查内容
	检查安装螺栓有无松动
	检查清洗过滤器
半年检查	包括季检查内容
	清理并试验过滤器的前后压差不超过 0.15MPa
	结合校验进行检修、调整

（二）油库常用流量计的修理与调整

（1）椭圆齿轮流量计的修理与调整，见表 6-25。

表 6-25　椭圆齿轮流量计的修理与调整

故　障	原　因	修理与调整
椭圆齿轮不转	安装时有杂质落入表内卡住椭圆齿轮	拆洗，洗涤后重新安装，按椭圆齿轮上所标记号安装
	被测液体不清洁，过滤器塞满杂质	洗涤过滤器，清除杂质
	被测液体压力过低	增加压力
椭圆齿轮转动，但指针不动	传动轮系卡住	清除杂物，并添加润滑油
	齿轮铆合松动	重新铆紧齿轮
	齿轮销子扭断	更换扭断的销子
指针转动时有抖动现象	流量过大，超过规定值	调整流量至规定值
椭圆齿轮转时有不正常噪声	流量过大，超过规定值	调整流量至规定值

故　障		原　因	修理与调整
指针反转，字轮转位反向		液体流动方向与表壳所标箭头方向相反	拆卸，按所标方向重新安装
表盘有油迹		联轴器密封圈损坏	更换密封圈
误差过大	负差	流量过小，低于规定值	换较小口径流量表或加大压力或更换管线
		旁路泄漏	清除泄漏
		使用年限过久，椭圆齿轮等磨损较多	按误差变化值，更换调整齿轮
	正差	液体内含有气体	表前增设消气器及防止法兰泄漏
		仪表检修后字轮的转位不在指针处于"0"位置，引起误读	校正字轮转位时指针的位置
		液体黏度与校验液体黏度相差过多	按误差变化值，更换调整齿轮

（2）圆盘流量计的修理与调整，见表6-26。

表6-26　圆盘流量计的修理与调整

故　障	原　因	修理与调整
指针不走	若计数器走字，可能是与指针连接有齿轮轴处销钉脱落或弹簧失灵	拆开表头，重新装牢销钉。若因弹簧锈蚀失灵，可将弹簧清洗干净并涂上防锈油，若弹簧断裂可向厂方购配件，更换
	表指针、计数轮不走，计量室也不动时，是计量室内进入块状杂物卡住	将表作部分拆开，清洗掉入计量室内部的块状杂物，重新装配
	压差过小	提高压差
表体上壳中部法兰盘下面的小孔流油	密封联轴器漏油	将表体拆开，把上外壳的密封轴取下检查
		密封垫圈损害，更换
		注汽油润滑脂
		轴承磨损，重新更换、装配
误差(负差)过大	计量室上、下球窝表面镀铬层损坏	应经常检查并清洗表前过滤器
	上、下半球表面铬层损坏	拆开计量室，发现计量室和半球表面镀铝层损坏应返厂修理
	液体从旁通阀漏走	检查旁通阀是否关闭或损坏

注：与椭圆齿轮流量计相同的故障略。

（3）腰轮流量计的修理与调整，见表6-27。

表6-27　腰轮流量计的修理与调整

故　障	原　因	修理与调整
腰轮组件不转动	安装时有杂质进入流量计，卡死	打开流量计清洗后再安装
	过滤器堵塞	清洗过滤器
	被测液体压力过小	增大系统压力
	备注：新安装的管线及新装流量计易出现该情况	
转子正常运转，而计数器的指针和字轮不动	传动系统卡住或变速齿轮啮合不良	卸下计数器，检查各级变速器
	传动系统连接部分脱铆或销子脱落	检查磁性联轴器，传动情况（注意不要让磁联轴器承受过大的扭矩，否则易产生错极去磁）脱铆或销子脱落应更换销子
指针或字轮运转时有抖动现象或时走时停	液体含气量大	采取消气措施，检查消气器工作是否正常
	液体排量过小	加大流量到规定范围
流量计运转时，有异常响声和噪声	流量过大，超过规定的范围	调整流量到规定范围
	止推轴承磨损，腰轮组与中隔板或壳体摩擦或该部位紧固件松动	打开下盖调整止推轴承的轴向位置，拧紧螺栓序
指针反转，字轮转动数字由大到小	流程倒错，液体流动方向与壳体箭头所示方向相反	停止运行，按箭头所示方向，使液体流动
渗漏	因压盖过松，填料磨损机械密封联轴器渗漏	拧紧压盖，更换密封填料，加填密封油
	放气孔或放油孔处紧固件松动	固紧紧固件
	螺栓松动	拧紧螺栓
计量误差过大	液体内含有气体	无消气器加装消气器，有故障时检修
	旁通管路泄漏	关紧旁通阀
发信器无信号输出或丢失脉冲	元件损坏	更换元件
	光电开关松动	调整好光电开关位置并牢靠固定
	发信器接线连接不可靠	正确接线，可靠连接
流量计算显示仪显示误差大	有干扰信号	排除干扰，可靠接地
	显示仪有故障	用自校"检查仪"检查
	显示仪与脉冲发信器阻抗不匹配	加大显示仪的输出阻抗使之匹配

续表

故　障	原　因	修理与调整
误差变负(指示值 小于实际值)	流量超出规定范围	使流量在规定范围内运行或更换流量计规格
	介质黏度偏小	黏度偏小，可重新检定，更换调整齿轮进行修正
	转子等转动部件不灵活	检查转子、轴承驱动齿轮等，更换磨损件
误差变正(指示值 大于实际值)	流量有大的脉动	减小管路中的脉动
	介质内混入气体	加装消气器
	介质黏度偏大	重新检定，更换调整齿轮进行修正

（三）检修周期及内容

（1）流量计的修理，一般为每年结合检查修理 1 次。

（2）检修的主要内容：

① 对流量计表头齿轮传动部分，每年应进行一次彻底清洗、检查、润滑，并在试验台上对表头进行调试，调试好后再装到流量计主体上，以备检定。

② 检查并更换轴承、密封垫(圈)。

③ 根据检定数据，更换调整齿轮。

④ 对温度补偿器，精度修正器应一年检查一次，并对齿轮传动部分进行清洗润滑。

（四）检修及安装的技术规定

1. 检修的技术规定

（1）流量计的检修人员必须是通过专门培训的维修人员，并应配备专用工具。

（2）一般情况下，不要拆卸流量计转子，驱动齿轮等主要部件。

（3）拆卸表头。需要对表头部分的各级变速器进行检修、清洗和加注润滑油时，可分段将计数器、变速器、脉冲发信器等卸下，便可对各级变速器和计数器等进行维修。清洗和注润滑油。注意：磁性联轴器拆卸时不要使之错极，否则极易使磁性减弱，为此，不要用力使主动磁铁或随动磁铁转动。

（4）拆卸内端盖时应作标记，以免装错、装反。

（5）更换石墨轴承时，应垫以木头芯子打入或取出石墨瓦，防止损坏石墨瓦。

（6）取出转子时，转子之间应先做记号，装入时保持原来啮合位置，转子两端的止推垫圈应分别记号，不能装错。

2. 安装的技术规定

（1）流量计的安装应横平竖直，消气器、过滤器应以流量计为标准找平找正。各设备标志方向与介质流动方向应一致。法兰间隙应均匀，垫片厚度应大小合适，不得凸入管内。

（2）流量计前后管段上的温度计套、压力表、取样器及其相连管线的焊接等，均应在流量计就位安装前完成。所有设备管线都应先清理后组装，不得将焊渣、杂物残留在设备、管线内。每次施工完后都应将管线两端封堵。

（3）流量计进出口阀门之间的流量计、过滤器、消气器等设备应以柴油为介质进行强度及严密性试验。流量计进出口阀门以外部分应以水为介质进行强度及严密性试验。

（4）需要控制初速度时，宜在流量计前后分别安装作为切断用的球阀和调节流量用的单闸板闸阀。

（五）验收

（1）检修后的流量计，必须经过计量检定部门检验合格出具证书后，方可使用。

（2）验收时应提供以下技术资料：

① 检定证书。

② 修理与调整记录。

③ 重要部件更换记录。

④ 电气、热工仪表及自动装置的调整校验记录。

（3）按规定办理验收手续。

（六）报废条件

流量计凡符合下列条件之一者，应予报废。

（1）流量计误差超过1%或在两次检定周期内连续超差。

（2）椭圆齿轮、腰轮及圆盘损坏。

（3）表壳裂纹损坏。

第三节　油库常用安全检测仪表

油库常用安全检测仪表是用来检测油库危险场所设备设施技术状况的，其目的是消除安全隐患，预防事故发生，或者事故发生后勘测、分析事故原因。此类仪表主要有可燃气体检测仪、静电检测仪、万用表、兆欧表、接地电阻测量仪、钢板测厚仪和涂层测厚仪等。这类仪表具体品种很多，本节仅简要介绍其中具有代表性的几种仪表。

一、可燃性气体检测仪器

（一）XP-311A 型可燃性气体检测仪

油库爆炸性危险场所进行检修或改建需要动火时，必须使用可燃性气体检测仪，进行多部位的反复检测，确认没有火灾爆炸危险，才能允许进行动火作业。XP-311A 型可燃气体检测仪是油库在爆炸性危险场所普遍使用和非常重要的一种安全检测仪表。该检测仪非常精密，其检测结果的准确性非常重要。如果仪表发生故障，指示错误，或因使用不当，得出错误结论，其后果将十分严重。因此，了解该仪表的工作原理，掌握其操作方法，正确使用和维护仪表十分重要。

1. 适用对象

XP-311A 型可燃性气体检测仪为本质安全防爆结构（标志 id2G3），适用于检测液化石油气、油气等可燃性气体以及可燃性溶剂蒸发气体的浓度（对甲烷气检测另有规格）。

2. 使用技术条件

XP-311A 型可燃气体检测仪的使用技术条件见表 6-28。

表 6-28　XP-311A 型可燃气体检测仪技术要求

项目名称	使用技术条件
检测范围	0~10%LEL（"L"档）及 0~100%LEL（"H"档）两种量程转换方式
警报设定浓度	20%LEL
警报方式	气体警报（灯光点灭、蜂鸣器间隙鸣响）电池更换预告（蜂鸣器连续鸣响）
指示精度	满量程的±5%
使用环境温度	−20~50℃
电源	5# 干电池 4 只
电池使用时间	使用碱性电池约 10h（以无仪表照明和无警报为条件）

3. 工作原理

根据仪表使用说明书的技术规格表所述的检测原理中仅有的"接触燃烧式"一句推断，仪表是利用热效应来实现检测的。工作原理如图 6-20 所示。

仪表的检测部分为一个电桥，其中一个臂上装有检测元件（金属铂丝）R_1，另一个臂上装有参比元件 R_2。接

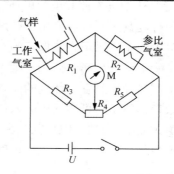

图 6-20　可燃气体检测仪检测原理图

通电源后，检测元件（铂丝）加热升至工作温度。当可燃气体进入工作气室后，便在检测元件上发生氧化反应（进行无焰燃烧），释放出燃烧热，使检测元件进一步升温，阻值增大，从而破坏了电桥的平衡，检流计 M 便指示出以爆炸下限浓度为刻度的气样相对浓度。

4. 面板构成及功能

XP-311A 型可燃气体检测仪面板构成如图 6-21 所示。

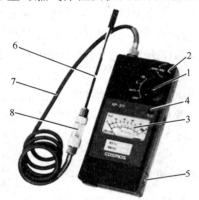
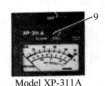

Model XP-311A

图 6-21　XP-311A 型可燃气体检测仪面板构成图

1—电源及测定转换开关；2—调零旋钮；3—标度盘；4—标度盘照明按钮；
5—电池室；6—吸引管；7—气体导入胶管；8—过滤除潮器；9—报警灯

（1）电源及测定转换开关。用于开机、关机、电池电压检验和"L"档或"H"档转换。

（2）调零旋钮。用于检测可燃气体之前，将仪表指针调至"0"。

（3）标度盘。标度盘（表盘）设有四层刻度，从上至下分别用于"LEL""LPG""汽油"等气体浓度检测和电池电压检验。

（4）标度盘照明按钮。用于在黑暗的地方检测。

（5）电池室。用于安装仪表的电源电池。

（6）吸引管。金属管，用于吸入可燃气体。

（7）气体导入胶管。优良的耐腐蚀性氟化橡胶双层管，吸附气体少，连接吸引管及仪表，便于将可燃气体吸入仪器内。

（8）过滤/除潮器。阻挡灰尘和水分，保护传感器和微型气泵。

（9）报警灯。在可燃性气体浓度超过 20%LEL 时，灯光及蜂鸣器发出警报。

5. 使用方法

（1）准备。可燃性气体浓度检测准备工作，必须在无可燃性气体泄漏的安全场所中进行。

①　安装电池。在电池室内按"+""-"极性标识，正确装入 4 只 5 号电池(以碱性电池为宜)。

②　检验电池电压。将转换开关由"OFF"档转至"BATT"档位置，检验电池电压，判断能否使用。检验结果，从标度盘上最下层刻度的指示可见，如图 6-22 所示。

③　调"0"。将转换开关由"BATT"档转至"L"档位置(调"0"必须在"L"档位进行)，待指针稳定后，确认"0"。若指针偏离"0"时，将"调零旋钮(ZERO)"缓转，进行调节，调至"0"为止。

不能使用　　　　能使用

图 6-22　电池电压检验结果判断图

(2)　检测:

①　采气。先将转换开关转至"H"档位置，将吸引管靠近所要检测的地点采气检测。若标度盘指针指示在 10%LEL 以下时，则将转换开关转至"L"档位置，以便读到更精确的数值。

②　读取数值。当标度盘指针稳定下来后，所指示的刻度值便是可燃性气体的浓度。当达到危险浓度(20%LEL)时，则有声、光报警。

(3)　示值判读:

①　标度盘刻度形式。用于可燃性气体浓度检测的标度盘刻度，从上至下依次为"LEL""LPG""汽油"三层计数形式标示，每层均设有"L""H"两栏(图 6-23)。

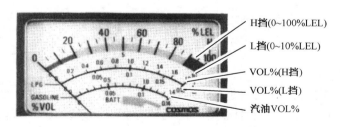

图 6-23　标度盘刻度形式图

②　"LPG"及"汽油"气体浓度标示。"LPG"及"汽油"的指示，以气体体积浓度直接读出。但因汽油的组成成分不定，故为参考标度。

③　电池电量不足处置。检测中，若声音连续鸣响报警、警灯熄灭，则为电池电量不足，必须按前述准备工作中要求的在无可燃性气体泄漏的安全场所中，

同时换上 4 只新电池。

（4）关机

检测完毕，必须使检测仪吸入干净空气，待指针回到"0"位置后，方可关机。

6. 注意事项

（1）必须避免强烈的机械性冲击。

（2）不可在高温多湿的地方存放。

（3）保养时须用柔软布料，不能用有机溶剂及湿布擦拭。

（4）切勿随便拆卸，以免人为损坏。

（5）长时间不使用，应将电池取出。

（6）装入新电池后，将转换开关转至"BATT"，出现指针无摆动或摆动不到标记范围时，应检查电池接触或极性情况，并重新装入。

（7）长期使用后，当出现检测仪反应速度慢、灵敏度低下现象时，应检查过滤/除潮器中的过滤纸脏、堵情况，并视情况更换过滤纸（图 6-24）。

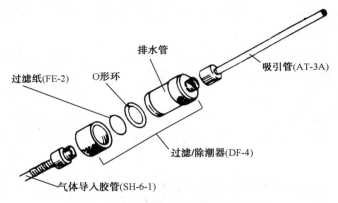

图 6-24　检查更换过滤/除潮器滤纸图

（二）可燃气体检测器

可燃气体检测器的设置原则应遵循 GB 50074—2014《石油库设计规范》、SY/T 6503—2016《石油天然气工程可燃气体检测报警系统安全规范》以及其他相关标准。在油库生产中，可燃气体检测探头一般采用催化燃烧式，在缺氧场所宜采用红外式。

1. 催化燃烧式可燃气体检测器

（1）基本测量原理。催化燃烧式可燃气体检测器是利用催化燃烧的热效应原理，由检测元件和补偿元件配对构成测量电桥，在一定温度条件下，可燃气体在检测元件载体表面及催化剂的作用下发生无焰燃烧，载体温度就升高，通过它内部的铂丝电阻也相应升高，从而使平衡电桥失去平衡，输出一个与可燃气体浓度成正比的电信号。通过测量铂丝的电阻变化的大小，就知道可燃性气体的浓度。主要用于可燃性气体的检测，具有输出信号线性好，指数可靠，价格便宜，不会与其他非可燃性气体发生交叉感染。

（2）基本特性：

① 催化燃烧探头式传感器采用最普遍应用的可燃性气体探测技术，无论是对于有机气体还是无机气体，它应用范围广，被誉为"不挑剔的传感器"，对于烷烃类及非烷烃类可燃气体均有较好的反应。

② 结实耐用，对于极端恶劣的气候及毒气有很强的耐受力。

③ 可检测所有的可燃性气体，包括烷烃类及非烷烃类。

④ 低廉的更换及维护成本。

⑤ 受温度、风、粉尘及潮湿影响最小。

⑥ 很容易彻底中毒，如果暴露在有机硅、铅、硫和氯化物这些组分中，将失去对可燃气的作用。

⑦ 可产生烧结物，阻止了可燃气与传感器接触。

⑧ 没有自动安全防护装置，当传感器中毒后继续通电并显示零点气。

⑨ 在某些环境下灵敏度会下降（特别是硫化氢和卤素）。

⑩ 需要最少 12% 的氧气体积浓度，在氧气浓度不足情况下工作效率明显下降。

⑪ 如果暴露在可燃气体浓度过高的环境下，会被烧坏。

⑫ 灵敏度随时间下降。

⑬ 由于中毒或污染的影响，需要定期对气体测试，标定偏离的信号。

2. 红外式可燃气体检测器

（1）基本测量原理。红外探测器中红外发射组件发出的红外光通过检测室被接收组件的聚焦系统聚焦到光敏传感器件，红外光源发出的红外光强度是恒定的，因此正常状态下光敏传感器件的输出是恒定的，信号经放大电路放大后输出电压也是恒定的。当可燃气体扩散进入检测室时，照射到光敏传感器件的特定波段的红外光的光通量由于被可燃气体吸收而衰减，从而导致光敏传感器件输出的电压降低。光敏传感器件输出的电压降低的幅值与检测室可燃气体的体积百分比浓度是成比例关系的，因此通过测量光敏传感器件输出的电压变化值就可以计算出检测室可燃气体的体积百分比浓度。当气体检测单元和信号处理电路单元出现故障时，信号放大电路的输出电压异常，在无可燃气体存在的情况下，通过判断信号放大电路输出电压是否异常，即可判断探测器本身是否存在故障，实现对探测器的自检。

（2）基本特性：

①优点：

a. 非常快的反应速率：T90 响应一般小于 7s。

b. 自动故障操作：自动将电源错误、信号错误、软件错误等故障反馈给控制系统。

c. 对污染性气体的信号抗干扰能力强。

d. 没有消耗性部件：寿命一般大于 10 年。

e. 维护成本低。

f. 无需氧气。

g. 高浓度气体不会烧坏设备。

h. 保证不会有烧结及相应的问题的发生。

i. 红外报警器同时也降低了维护成本，催化燃烧需要定期测试（通过标气）。有些海洋石油平台通常每六周需要测试一次。许多平台需要 400 个以上的传感器，这样的常规测试机制，以及每 3~5 年需要更换一次需要耗费大量的成本。不会烧结的红外报警器可自我检测（比如灯、传感器、窗口、镜子、软件）不可恢复的问题，这样出错的可能性大大降低。较少的零点及灵敏度漂移，意味着红外报警器的校准和常规维护可以 6~12 个月。常规维护是清洁光学组件和测试标准气。红外报警器的寿命一般大于 10 年，通常受限于光学组件在含尘环境中的损耗。红外传感器的价格近年已经显著下降，虽然价格还是明显高于催化燃烧式，但实践经验表明，红外传感器的成本能通过减少维护成本来降低。

② 缺点：

a. 不能检测氢气；

b. 红外传感器不能提供不同气体的线性响应：检测器对特殊气体线性化，对其他气体有响应但是非线性。

（三）可燃气体检测仪器的检查维护

1. 日常检查及维护保养

（1）对于有实验按钮的报警器，应每天按动一次实验按钮，检查指示报警系统是否正常、报警器指示灯是否清晰可见。

（2）每三个月检查零点和量程。检测器透气罩在仪表检测时，应取下清洗，防止堵塞；清洗过滤罩（网）时要慎用有机溶剂，以防止损坏检测器。

（3）应经常对检测器进行防雨检查，汛期每天至少检查一次，检测器进线孔要密封严实，有效防止进水；检测器探头表面是否有污渍、杂物覆盖。

（4）在日常检查中，不能用打火机气或酒精去检查测试检测器的工作状况，更不要用大量的(高浓度)可燃气直冲探头进行检验等。

（5）相关线路有无松动、短路或断路，线缆与密封圈的密封是否牢固可靠。

2. 常见故障及原因分析

（1）通气无响应。定期校验时，通入标准气体后二次仪表或 DCS 无响应。造成这种故障的主要原因包括量程设置不当、通入的标准气体不合适、传感器断线或老化损坏、电路板损坏、二次仪表调节过度或损坏、DCS 设置不当、过滤器堵塞等。对这些故障可在查明原因的情况下，予以调整或更换。

（2）显示故障和报警。大部分二次仪表本身带有故障诊断功能，当检测器发生故障时，二次仪表都可以产生设备报警信号(二次仪表上的故障指示灯亮)。造成这种故障的主要原因包括传感器断线或损坏，零点过低，检测器供电电源不正常(断电)、接线松动、标定错误或电路板故障，检测器连线接错或断线等。目前，大多数 DCS 系统没有设专门的设备故障报警功能，对检测器故障或正常检测报警都显示相同的报警信号，这就需要针对具体情况，逐项排查以找出报警的真正原因，并加以排除。

（3）指示波动大或误报警。二次仪表或 DCS 系统显示数值不稳定，也是误报警的主要原因。由于探头老化，校验时需要大幅度地调节量程电位计，这相当于扩大了仪表的放大倍数，若此时系统检测电阻不平衡，经放大后就会造成二次仪表指示波动。另外，当检测器的连线松动或虚接时，如果现场存在震动，二次显示表或 DCS 也会波动。此外，周围环境的影响(如强电磁场)或电路故障也可产生大幅度波动。

（4）不能调零。在日常维护校验时，对检测器不能调零的情况，应排除周围环境有无可燃气体，否则，多为调节电位器或电路板损坏，传感器老化或已损坏等原因造成的；此处检测器本身的 CPU 故障也可以造成不能调零的现象。

（5）响应缓慢或长时间指示不到位。校验时仪表响应缓慢，一般是传感器老化造成的。同时，一些可燃气体报警仪探头安装环境较为恶劣，在长期使用过程中，在可燃气体检测器检测元件上的催化物质会逐渐失效，产生的催化燃烧反应也日趋缓慢。另外，量程调节不当或气样不合适(如检测器标定的气样是异丁烷而用甲烷校验)都会造成影响缓慢或指示不到位现象。

二、EST101 型防爆静电电压表

油库中，静电最为严重的危险是引起爆炸和火灾。因此，测量静电电压，对于预防静电放电起火和分析静电火灾原因有很重要的价值。

EST101 型防爆静电电压表是一种经过多次改进的新型高性能的静电电压测

量仪表，在油库已有使用。

（一）适用对象及使用技术条件

1. 适用对象

EST101 型防爆静电电压表为本质安全防爆结构（标志 ia Ⅱ CT$_6$），防爆性能好，适用于各类爆炸性气体中带电物体的静电电压（电位）测量。可测量导体、绝缘体及人体的静电电位，还可测量液面电位及检测防静电产品的性能。

2. 使用技术条件

EST101 型防爆静电电压表的使用技术条件见表 6-29。

表 6-29　EST101 型防爆静电电压表

项目名称	使用技术条件
测量方式	非接触式
测量范围	±100V ~ ±50kV（测量范围可扩展）
测量误差	<±10%
使用环境	温度 0~40℃；相对湿度<80%
电源	6F22 型 9V 叠层电池 1 只

（二）工作原理

仪表传感器采用电容感应探头，利用电容分压原理，经过高输入阻抗放大器和 A/D 转换器等，由液晶显示出被测物体的静电电压，如图 6-25 所示。为保证读数的准确，仪表设有电池欠压显示电路以及读数保持等电路。

图 6-25　EST101 型防爆静电电压表原理框图

（三）面板构成及功能

EST101 型防爆静电电压表面板如图 6-26 所示。

（1）探头。测量时，用于探测计算测量距离。

（2）液晶显示屏。显示测量结果、电池欠压及负极性符号。

（3）电源与清零开关。开关电源，将此开关稍向前推时清零。

（4）读数保持按键。按下此键可保持读数不变。

（四）使用方法

1. 测试准备

（1）穿防静电服。操作人员宜穿防静电工作服和防静电鞋，以避免人体静电对测量的影响。

（2）安装电池。在安全场所，装入 6F22 型 9V 叠层电池。

2. 测量操作

（1）开机与清零：

① 开机。在远离被测物体（最好 1m 以外）或电位为零处（如接金属或地面附近），将电源开关拨到"ON"位置，此时显示值应为"0"或接近"0"（"00?"，末尾数字"?"最好不超过5）。

② 清零。若仪表显示不为"0"，应将开关拨回"OFF"位置（清零与关机是在同一位置，往前拨动时稍用力推）后，再拨回"ON"位置。若仍有

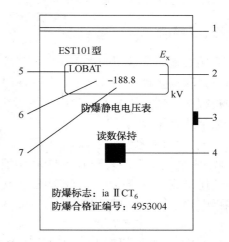

图 6-26　EST101 型防爆静电电压表面板图
1—探头；2—液晶显示屏；3—电源与清零开关；
4—读数保持按键；5—电池欠压显示符号；
6—负极性符号；7—显示结果

尾数"?"且测量结果要求较准确时，可从测量读数中减去初始读数。

（2）测量与读数。将仪表由远至近，移到距离被测物体 10cm 处读数，单位为 kV。当被测物体的电位变化时，读数也变化，为了读数方便，按下"读数保持"开关，可保持读数不变，松手后仪表将自动恢复显示。

（3）扩展量程范围：

① 高电位测量。当被测物体的电位高于 40kV 时，应把测量距离扩展为 20cm，测量结果为表读数乘以 2，此时测量范围为 ±0.2 ~ ±100kV，测量误差小于 20%。

② 低电位测量。当被测物体的电位较低时，可把测量距离定为 1cm，测量结果为表读数乘以 0.2，此时测量范围为 ±0.2 ~ ±5kV，测量误差小于 20%。

3. 其他测量

其他各项测量的方法详见仪表使用说明书。

（五）注意事项

（1）避免强烈的机械性冲击。

（2）当仪表显示"LOBAT"字样时，应在安全场所更换电池。

（3）长期不使用时，应取出电池。

（4）发现故障，切勿自行拆卸，应与有关部门联系，以免影响仪表防爆性能。

（5）按要求及时对仪表进行校对。

（6）其他详见使用说明书。

三、万用表

万用表是一种常用的多用途的电工仪表，也是油库常用的安全检测仪表。它不但可以测量多种电参数，而且每个测量项目又可以有几个量程。万用表的型号和规格很多，现介绍油库较为广泛使用的 MF47 型模拟万用表和 DT-830B 型液晶显示数字式万用表两种。

（一）适用对象

MF47 型模拟万用表和 DT-830B 型液晶显示数字式万用表都为非防爆结构仪表，适用于测量直流电流、直流电压、交流电压、电阻、电平、电感、电容等参数（在爆炸危险场所应慎用）。

（二）使用技术条件

（1）MF47 型模拟万用表使用的技术条件见表 6-30。

表 6-30　MF47 型万用表的技术条件

项目名称		使用技术条件（量限范围）	灵敏度及电压降
量限范围	直流电流	0—0.05mA—0.5mA—5mA—50mA—500mA—5A	0.3V
	直流电压	0—0.25V—1V—2.5V—10V—50V—250V—500V—1000V—2500V	20000Ω/V
	交流电流	0—10V—50V—250V（45—65—5000Hz）—500V—1000V—2500V（45—65Hz）	9000Ω/V
	直流电流	$R\times1\ R\times10\ R\times100\ R\times1k\ R\times10k$	$R\times1$ 中心刻度为 16.5Ω
环境温度		0~40℃	
环境湿度		相对湿度<85%	
电池		2 号干电池 1 只	
		5 号干电池 2 只	

（2）DT-830B 型液晶显示数字式万用表的使用技术条件

DT-830B 型液晶显示数字式万用表的使用技术条件见表 6-31。

表 6-31　DT-830B 型液晶显示数字式万用表的使用技术条件

项目名称	使用技术条件		
	量限范围	分辨力	准确度
直流电压	200mV	100μV	±（0.5%FS+2）
	2000mV	1mV	
	20V	10mV	
	200V	100mV	
	1000V	1V	±（0.8%FS+2）

续表

项目名称	使用技术条件		
	量限范围	分辨力	准确度
直流电流	200μA	100nA	±（1%FS+2）
	2000μA	1μA	
	20mA	10μA	
	200mA	100μA	±（1.2%FS+2）
	10A	10mA	±（2%FS+2）
交流电压	200V	100mV	±（1.2%FS+10）
	750V	1V	
电阻	200.0Ω	0.1Ω	±（0.8%FS+2）
	2000.0Ω	1.0Ω	
	20kΩ	10Ω	
	200kΩ	100Ω	
	2000kΩ	1kΩ	±（1%FS+2）
工作环境	温度0~40℃，相对湿度<75%		
存放环境	温度-15~40℃		
电池	9V电池1只		

（三）工作原理

虽然万用表的型号和规格多样，但工作原理大体相同。简单的万用表的电路原理如图6-27所示。

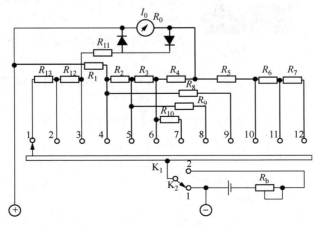

图6-27　万用表电路原理简图

图中 K_1 是一个具有 12 个分接点的转换开关，当拨动触头与不同的分接点相连时，就接通了不同的电路，以便用来选择测量参数和量程。K_2 是一个单刀双掷开关，测量电阻时 K_2 与 2 点接通；进行其他测量时，K_2 拨在 1 的位置上。

K_2 接到 1 点时，K_1 置于 1、2、3 位置，可测量交流电压；置于 4、5、6 位置，可测量直流电流；置于 10、11、12 位置，则可测量直流电压。

当 K_2 接到 2 点时，K_1 拨到 7、8、9 位置，电池接入电路，这时就可以测量电阻值。

（四）MF47 型模拟万用表

1. 面板构成及功能

图 6-28　MF47 型万用表面板构成

MF47 型万用表面板构成如图 6-28 所示。它由开关指示盘和标度盘两大部分组成。

（1）转换开关。该表开关指示盘内的转换开关设有若干档位，用以满足不同种类和不同量程的测量要求。交流档位为红色，晶体管档位为绿色，其余档位为黑色。

（2）"+""-"插座。测量时，分别对应插入表笔的红、黑插头。

（3）"2500V"和"5A"插座。测量交、直流 2500V 或直流 5A 时，红插头分别对应插入标"2500V"或"5A"的插座中。

（4）晶体管测试插座。用于测试晶体管直流参数时，插入相应的管脚。

（5）调零器。万用表使用前，用调零器调整，使指针准确地指示在标度尺"0"位置上。

（6）零欧姆调整旋钮。测电阻时，每换一档量程时用它调整，使指针指在"0"的位置上。

（7）标度盘。标度盘上从上向下共有 6 条刻度线（图 6-29），分别用于不同的测量种类和量程。标度盘从上至下用途：

① 专供测电阻用。

② 供测交直流电压和直流电流用。

③ 供测晶体管放大倍数用。

④ 供测电容用。

⑤ 供测电感用。

图 6-29　MF47 型万用表图标度盘

⑥ 供测音频电平用。

2. 使用方法

MF47 型模拟万用表使用比以往的万用表便捷，现简要介绍应用该表测量电流、电压和电阻等常规项目的操作使用方法。

（1）测量前的准备：

① 指针零位检查。测量前，检查指针是否指在机械零位上。如不指在零位时，应旋转表盖上的调零器使指针指示在零位上。

② 插入表笔。将红、黑表笔分别插入"＋""－"插座中。如测量交、直流 2500V 或直流 5A 时，红表笔必须按要求插入对应的插座中。

（2）直流电流测量：

① 开关档位选择。转换开关选择"mA"档（黑色）。

a. 测量 0.05~500mA 电流时，开关转至所需的电流档位；

b. 测量 5A 电流时，开关应放在 500mA 直流电流量限上。

② 测量电流。将表笔串接于被测电路中，进行测量。

③ 读取数值。用标度盘上第二条刻度线，指针指示的数值，即为以所选"mA"量程档位数值为量限的直流电流值。

a. "mA"量程档位是"0.5"时，标度盘量限为 0.5mA；

b. "mA"量程档位是"5"时，标度盘量限为 5mA；

c. "mA"量程档位是"50"时，标度盘量限为 50mA；

d. "mA"量程档位是"500"时，标度盘量限为 500mA；

e. "mA"量程档位是"500"，而红表笔插在"5A"插座中时，标度盘量限为 5A。

（3）交直流电压测量：

① 开关档位选择。

a. 测量交流 10~1000V 电压时，转换开关选择"V"档（红色），并转至所需的电流档位；

b. 测量直流0.25~1000V电压时，转换开关选择"V"档（黑色），并转至所需的电流档位；

c. 测量交直流2500V电压时，转换开关分别转至交流1000V或直流1000V档位。

② 测量电压。将表笔跨接于被测电路两端，进行测量。

③ 读取数值。用标度盘上第二条刻度线，指针指示的数值，与前述"（2）直流电流测量"中的③同理，即为以所选"V"量程档位数值为量限的电压值。各档位量限不再列举。

（4）直流电阻测量：

① 安装电池。直流电阻测量时，须安装R14型2号1.5V及6F22型9V电池各一只。

② 被测设备断、放电。测量电路中的电阻之前，应先切断电源；如电路中有电容，则应先行放电。

③ 开关档位选择与调零。转动转换开关至"Ω"档中所需测量的电阻档位。将两表笔端头短接，调整零欧姆旋钮，使指针对准于标度盘"Ω"刻度的"0"位置上。

④ 电阻测量。调零后，分开两表笔即可测被测电阻。测量时，两手不能同时触及电阻的两端，以免发生不应有的误差。

⑤ 读取数值。以指针指示的标度盘"Ω"数值，乘以所选电阻档位的倍率数即为所测得的电阻数值。

（5）其他测量。其他各项测量，其方法详见仪表使用说明书。

3. 注意事项

（1）在测试高压或大电流时，不准带电转动转换开关，以防烧坏开关。

（2）测未知量的电压或电流时，应先选择最高量程档。待第一次读取数值后，方可逐渐转至适当档位以取得较准确读数并避免烧毁电路。

（3）严禁带电测量电阻。测量电阻时，应将被测电阻与电路断开。

（4）不能用欧姆档或电流档去测试电压，否则会烧毁仪表。

（5）每次测量完毕后，应将转换开关转至高电压档，以免下次误用，损坏仪表。

（6）长期不用时，应将电池取出，以防电池变质，损坏仪表。

（7）仪表应存放在符合说明书要求的温度、湿度条件下，并不含有腐蚀性气体的场所。

（五）DT-830B 型液晶显示数字式万用表

1. 面板构成及功能

DT-830B 型液晶显示数字式万用表面板构成如图 6-30 所示。它由开关指示盘、插座、液晶显示屏幕三部分组成。

（1）转换开关。该表开关指示盘内采用旋转式转换开关，集功能选择、量程选择和电源开关于一体。功能和量程选择设有若干档位，用以满足不同种类和不同量程的测量要求。电源开关在该仪表不使用时，旋至"OFF"位置。

（2）"COM"端插座。用作公共地端子。

（3）"VΩmA"端插座。用作电压、电阻、小于 200mA 的电流、频率、逻辑电平输入端；50Hz 方波输出端子。

（4）"10A"端插座。用作大于 200mA 的电流输入端。

（5）晶体管测试插座。用于插入晶体管，测试参数。

（6）液晶显示屏。三位半，12mm 字高，液晶显示测量数值。

图 6-30　DT-830B 型液晶显示数字式万用表面板构成

2. 使用方法

该表用途很多，仅简要介绍测量电流、电压和电阻等常规项目时的操作使用方法。

（1）直流电压测量：

① 开关档位选择。将转换开关旋至直流 V（DCV）档，选择适当的量程。如果不能预知被测电压范围，选择最高量程档。

② 插入表笔。红表笔插入"VΩmA"座，黑表笔插入"COM"座。

③ 测量及读数。将红、黑表笔并联到被测线路两端，从液晶显示屏读取电压数值。

（2）直流电流测量：

① 开关档位选择。将转换开关旋至直流 A（DCA）档，选择相应的量程。

② 插入表笔。测量小于 200mA 的电流，红表笔插入"VΩmA"座；测量大于 200mA 的电流，红表笔插入"10A"座；黑表笔插入"COM"座。

③ 测量及读数。将红、黑表笔串联到被测线路上，从液晶显示屏读取电流数值。

（3）交流电压测量：

① 开关档位选择。将转换开关旋至交流 V（ACV）档，选择适当的量程。如果不能预知被测电压范围，选择最高量程档。

② 插入表笔。红表笔插入"VΩmA"座，黑表笔插入"COM"座。

③ 测量及读数。将红、黑表笔并联到被测线路两端，从液晶显示屏读取电压数值。

（4）电阻测量：

① 开关档位选择。将转换开关旋至 Ω 档，选择适当的量程。

② 插入表笔。红表笔插入"VΩmA"座，黑表笔插入"COM"座。

③ 被测线路断、放电。测量在线电阻时，必须关闭电源，所有电容必须放电。

④ 测量及读数。将红、黑表笔串联到被测线路，从液晶显示屏读取电阻数值。

（5）其他测量。其他各项测量，其方法详见仪表使用说明书。

3. 注意事项

注意事项与 MF47 型模拟万用表相同。

四、兆欧表

兆欧表也叫摇表，因其标度以兆欧（MΩ）为单位，故称为兆欧表。它是油库中不可缺少的一种安全检测仪表。油库较为常用的有 ZC25-3 型兆欧表。

（一）适用对象

ZC25-3 型兆欧表为非防爆结构仪表，适用于在无可燃性气体场所中测量各种电机、变压器、电缆、绝缘导线及其他绝缘电器的绝缘电阻值。

（二）使用技术条件

ZC25-3 型兆欧表使用技术条件见表 6-32。

表6-32　ZC25-3型兆欧表使用技术条件

项目名称	使用技术条件	项目名称	使用技术条件
电压等级	500V 以下	手柄转速	120r/min
检测范围	0~500MΩ		

（三）工作原理

兆欧表的工作原理如图6-31所示。

它的磁电式表头有两个互成一定角度的可动线圈，装在一个有缺口的圆柱铁芯外面，并与指针一起固定在同一转轴上，构成表头的可动部分，被置于永久磁铁中，磁铁的磁极与圆柱铁芯之间的间隙是不均匀的。由于指针没有阻尼弹簧，在仪表不用时，指针可停留在任何位置。

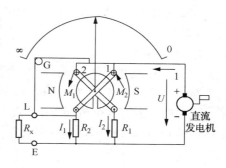

图6-31　兆欧表工作原理示意图

摇动手柄，直流发电机输出电流。其中，一路电流 I_1 流入线圈 1 和被测电阻 R_x 构成的回路；另一路电流 I_2 流入线圈 2 与附加电阻 R_1 构成的回路，从而实现电阻摇测。

（四）面板构成及功能

兆欧表有多个型号，图6-32所示为 ZC25-3 型兆欧表的外形。它的面板上主要有接线端钮和标度盘两大部分（其他型号兆欧表面板构成略有差异）。

图6-32　兆欧表的外形

（1）"L"端钮。用于与被测线路连接。

（2）"E"端钮。用于与被测电气设备的外壳或接地线连接。

（3）"G"端钮。叫保护环"G"接线端钮，也叫屏蔽接线端钮。它的作用是消除表壳表面 L、E 接线端钮间漏电和所测绝缘表面漏电的影响。有的在"L"接线端钮外面装一个钢环，具有同保护环一样的作用，以省去保护环"G"接线端钮。

（4）标度盘。用于读取所测电阻数值。

（五）使用方法

1. 开路和短路试验

测量前，先对兆欧表作一次开路和短路试验，检查兆欧表是否良好。当两表线开路时，摇动手柄，表针应指"∞"；再将两表线短路相接，表针应指"0"。否则，说明兆欧表有故障或误差。在短路试验时，应将两线连接牢固后，才能摇动手柄，否则会因接触不良，打出火花。

2. 摇测绝缘电阻

（1）被测设备断、放电。测量绝缘电阻前，必须将所测设备的电源切断，对高压设备、电容、电感还要短路放电，以保证安全。

（2）仪表接线。将兆欧表平稳放置，将接触点表面处理清洁，以免影响测量效果，如图 6-33 所示为正确接线。电气设备的外壳或地线应接在"E"端钮上，被测导线应接在"L"端钮上。测量电缆绝缘电阻时，应将中间绝缘层接到"G"端钮上。

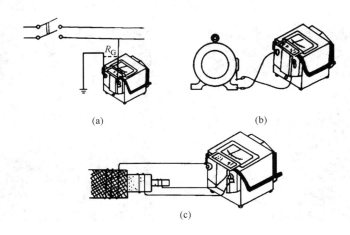

图 6-33　兆欧表使用时的连接方法

（3）摇动手柄。由慢渐快摇动手柄，转速一般以 120r/min 为宜。如发现表针已摆到"0"位时，即应停止摇动手柄，以防线圈损坏。

（4）读取数值。兆欧表的发电机在稳定转速下持续转动 1min 后，标度盘上的指针也稳定下来了。这时，表针指示的数值就是所测得的绝缘电阻值。

（六）注意事项

（1）表线应采用绝缘良好的软线，并分开单独连接，不允许用双股绝缘绞线或平行线，以免影响读数。

（2）测量完毕后，在发电机未停止转动和被测设备没有放电之前，不允许用手触及被测设备或拆除导线，以防触电。

（3）在有雷电时或邻近有高压带电体的设备上，均不得使用兆欧表进行测量。

（4）不使用时，应放置于温度适宜、空气清洁、干燥场所的固定橱内，防止仪表受潮、腐蚀生锈。

五、接地电阻测量仪

油库中的接地装置，受埋置环境条件的影响，随着时间的增长，接地电阻会增大。为保证接地极工作可靠，应按有关规定每年至少进行两次接地电阻值检测，发现电阻值超出规定时，应及时采取措施，以免发生事故。

目前油库检测接地电阻值，使用较为普遍的是 ZC-8 型（四端钮）接地电阻测量仪。

（一）适用对象

ZC-8 型（四端钮）接地电阻测量仪，是一种检测低电阻的仪表，适用于在无可燃性气体场所直接测量各种接地装置的接地电阻值，也可测量一般低电阻导体的电阻值。它具有四个接线端钮，还可用来测量土壤的电阻率。

（二）使用技术条件

ZC-8 型（四端钮）接地电阻测量仪的使用技术条件见表 6-33。

表 6-33　ZC-8 型（四端钮）接地电阻测量仪的使用技术条件

项目名称	使用技术条件
检测范围	0~1/10/100Ω
手柄转速	120r/min
准确度	额定值的 30% 以上为指示值的 ±5%
	额定值的 30% 以下为指示值的 ±1.5%

续表

项目名称			使用技术条件		
探测针埋设参数	探针形状	管状	接地体长度 $L \le 4m$	E′与P′间距≥20m	E′与P′间距≥20m
		板状	接地体长度 $L>4m$	E′与P′间距≥5L	E′与P′间距≥40m
	敷设形式	沿地面成带状或网状	接地体长度 $L>4m$	E′与P′间距≥5L	E′与P′间距≥40m

（三）工作原理

接地电阻测量仪的检测原理线路如图6-34所示。

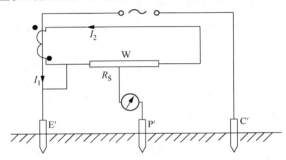

图6-34　接地电阻测量仪检测原理线路图

线路中主要包括手摇发电机、电流互感器、电位器和磁式检流计。当手摇发电机以120r/min以上的转速摇转时，产生约110～115Hz的交流电。

电流 I_1 从发电机经过电流互感器一次绕组、接地极E′、大地和电流探测针C′，回到发电机，形成闭合回路。电流互感器次级电流 I_2 经电位器W形成回路。电流 I_1 在被测电阻上造成的电压降为 $U_1 = I_1 R_x$；电流 I_2 在 R_S 上造成的电压降为 $U_2 = I_2 R_S$。调节电位器的滑动臂位置，使接于滑动臂与探测针之间的检流计指针指到零位。这时 $U_1 = U_2$，即：$I_1 R_x = I_2 R_S$

则：$R_x = (I_2/I_1) R_S = K R_S$

式中　K——电流互感器的变流比。

可以看出，R_x 仅由变流比 K 和 R_S 来确定。于是，被测电阻 R_x 的值，通过调节电位器的电阻 R_S 就可以测得了。

（四）面板构成及功能

ZC-8型接地电阻测量仪外形如图6-35所示。

它的面板上主要有接线端钮、标度盘及旋钮组合、零位调整器等部分（其他型号兆欧表面板构成略有差异）。

（1）接线端钮：

图 6-35　ZC-8 型接地电阻测量仪外形图

C_1 端钮：用于与电流探测针 C' 连接。

P_1 端钮：用于与电位探测针 P' 连接。

C_2 及 P_2 端钮：两端钮短接，用于与接地极 E' 连接；两端钮间短接片打开，则分别用于与接地极连接。

（2）测量标度盘及旋钮组合。测量标度盘及大旋钮组合，用于读取检测数据。

（3）倍率标度盘及旋钮组合。倍率标度盘及小旋钮组合，用于扩大或缩小读取数据倍数确定。

（4）零位调整器。用于将检流计指针调整到中心线上。

（五）使用方法

测量接地电阻时，仪表接线如图 6-36 所示。

（1）隔离接地极。拆除被测接地极与设备的电气连接，使其处于隔离状态。

（2）埋设探测针及连线。沿被测接地极 E'，使电位探测针 P' 和电流探测针 C' 按同一直线上彼此相距 20m 埋设，电位探测针 P' 应插于接地极 E' 与电流探测针 C' 之间。用导线分别将 E'、P' 和 C' 与仪表上相应的 C_2、P_2、P_1、C_1 端钮连接。

（3）检查仪表指针并调"中"。将仪表放置水平位置，检查检流计指针是否指于中心线上。否则，用零位调整器将其调整在中心线上。

（4）摇测接地电阻。将"倍率标度

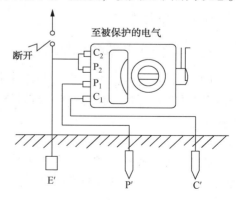

图 6-36　接地电阻检测接线图

盘"转至最大倍数的位置上，慢慢摇动发电机的手柄，同时转动"测量标度盘"，使检流计的指针指在中心线上。在检流计的指针接近平衡时，加快发电机手柄的转速。当转速达到120r/min以上，同时调整"测量标度盘"，以得到正确的读数。如"测量标度盘"的读数小于1时，应将"倍率标度盘"放在较小倍数的位置，再重新调整"测量标度盘"，以得到正确的读数。

（5）读取数值。用"测量标度盘"的读数乘以"倍率标度盘"的倍数，即为所测的接地电阻值。

（六）注意事项

（1）当接地极 E′ 与电流探测针 C′ 之间的距离大于20m，而电位探测针 P′ 插在偏离 E′、C′ 直线仅几米时，其测量误差可以不计。但如 E′、C′ 间的距离小于20m，则必须将电位探测针 P′ 正确地插入 E′ 与 C′ 所形成直线的中间位置。

（2）如果"倍率标度盘"在任何一档都不能使表针稳定，可在电位探测针 P′ 和电流探测针 C′ 处浇水，减少电阻，然后再重新调整。如果仍不能稳定，则可能是接地体的接地电阻值太大，超过了仪表测量范围，或者是仪表损坏。

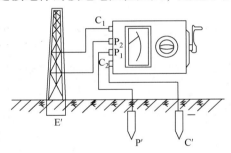

图6-37　检测小于1Ω接地电阻的接线图

（3）当检流计的灵敏度过高时，可将电位探测针 P′ 插入土壤中的深度略为减少一些。如检流计灵敏度不够时，则可对电位探测针 P′ 与电流探测针 C′ 之间一段土壤采用注水湿润处理。

（4）当检测小于1Ω的接地电阻时，应将仪表 C₂、P₂ 接线柱间的短接片打开，再分别另用导线连接在被测接地极上（图6-37），以消除测量时连接导线本身电阻的附加误差。

六、HCC-16P 超声波测厚仪

HCC-16P 超声波测厚仪，是用于在不破坏油罐钢板、管线管壁等情况下，检测其厚度的仪器。对于检查、预测分析上述设备的技术状态，确保油库安全很有价值。

（一）适用对象

HCC-16P 超声波测厚仪为非防爆型结构，可用于油库无可燃性气体存在的场所、储油罐罐壁、输油管线管壁等厚度测量和腐蚀量测量，也可测量陶瓷、塑料尼龙、玻璃等材料的厚度。

（二）使用技术条件

HCC-16P 超声波测厚仪的使用技术条件见表6-34。

表6-34 HCC-16P 超声波测厚仪的使用技术条件

项目名称	使用技术条件	项目名称	使用技术条件
测量范围(mm)	1.2~250.0(45#钢)	电源(9V)	6F22 叠层电池 1 只
示值误差(mm)	$\pm(0.5\%H+0.1)$	参考试块(mm)	5±0.02,45#钢
声速设置范围(m/s)	1000~8000	使用环境温度(℃)	0~40

（三）工作原理

本仪器应用超声波反射原理进行厚度或声速测量，具有独特的非线性校准功能和自动零位校准功能，使操作者无需对仪器进行调整即可得到精确的测定结果。

（四）面板构成及功能

HCC-16P 超声波测厚仪外形见图6-38。

（1）ON/OFF 键：电源开关。

（2）▲键：增大输入参数的数值。

（3）▼键：减小输入参数的数值。

（4）S.V. 键：设置声速值。

（5）ALR 键：设置上、下限报警值。

（6）CLB 键：5mm 厚的试块校准。

（7）T/V 键：厚度/声速测量状态转换。

（8）STA 键：统计值顺序输出显示。

（9）DEL 键：清除最末一个测量值。

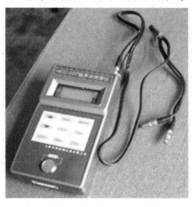

图6-38 HCC-16P 超声波测厚仪外形

（五）使用方法

1. 测量准备

按仪表要求，连接好探头，安装好电池；按 ON/OFF，打开电源。

2. 厚度测量

（1）声速设置：

① 按 S. V. 键，显示机内存储的声速值。

② 用▲，▼键将显示值调整到被测材料的声速值（见仪器背面标注）。

③ 再次按 S. V. 键，将新设置声速值存入机内，仪器自动转入厚度测量状态。

（2）校准。确实需要时，仪器要校准。通常情况下，开机后即可直接进行厚度测量，不需要反复校准。校准步骤如下：

① 按 CLB 键，显示"5.0"。

② 将探头按在机上涂有适量耦合剂的 5mm 厚的试块上，仪器发出"嘟"一长声，该值存入机内，校准即告完成。

③ 测量厚度。被测件表面涂耦合剂后，当探头与被测件表面耦合良好时，厚度值即显示出来，并伴有"嘟"一声，同时该厚度值已被存入机内。

3. 声速测量

（1）按 T/V 键，仪器转入声速测量状态，显示"10.0"，此为被测件厚度值，如被测件厚度值不为 10mm 时，用▲，▼键将显示值修正到被测件的实际厚度值。

（2）将探头按到被测件上，当耦合良好时，被测件的材料声速值即显示出来。为保证声速测量精度，材料厚度应大于 4mm。

（3）再次按 T/V 键，仪器从声速测量状态回到厚度测量状态。

4. 上、下限报警值设定

（1）按 ALR 键，显示报警上限值。用▲，▼键改变到需要的数值。

（2）再次按 ALR 键，报警上限值存入机内，显示报警下限值。用▲，▼键改变到需要的数值。

（3）第三次按 ALE 键，报警下限值存入机内，仪器转入测量状态。

当测量值大于上限值或小于下限值时，仪器会以连续的"嘟"声告知已超限。

5. 统计

按 STA 键，则依次显示系列测量的平均值、最大值、最小值、标准偏差、测量次数等五项数理统计值。

6. 清除

按 DEL 键后，最末一个测量值被清除。当耦合不良或操作不当，仪器显示出错误的测量值时，按 DEL 键，即可清除该数值。

7. 自动关机

仪器使用完毕，按下按 ON/OFF 键，则 2min 后自动关机。关机后，所有输入数据将被保存，下次开机后，不必重新设置。

（六）注意事项

（1）避免强烈的机械性冲击。

（2）不在高温多湿的地方存放。

（3）当显示器上出现"LOBAT"字样时，提示电池电压较低，应及时更换，以免电池漏液等原因损坏仪器。

（4）当测量值有较大误差时，应检查：

① 声速设置是否正确。

② 将探头按在机上涂有适量耦合剂的 5mm 厚的试块上，仪器发出"嘟"一长声，该值存入机内，校准即告完成。

③ 被测材料内部是否有砂眼、气孔等缺陷。

（5）不要擅自拆卸仪器以免造成人为的损坏。

七、HCC-24 型电脑涂层测厚仪

HCC-24 型电脑涂层测厚仪，是用于在不破坏油罐钢板及管线管壁上防护涂层的情况下，检测涂层厚度的仪器。该仪表在非商业油库已有使用，对于检查、预测分析上述设备的防护涂层技术状况，确保油库安全很有价值。

（一）适用对象

HCC-24 型电脑涂层测厚仪为非防爆型结构，可用于油库无可燃性气体存在的场所，直接测量储油罐、输油管线等导磁材料表面上的非导磁覆盖层的厚度。

（二）使用技术条件

HCC-24 型电脑涂层测厚仪的使用技术条件见表 6-35。

表 6-35　HCC-24 型电脑涂层测厚仪的使用技术条件

项目名称	使用技术条件	项目名称	使用技术条件
测量范围(μm)	0~1200	电源(9V)	6F22 叠层电池 1 只
示值误差(μm)	$\pm(3\% H+0.1)$	附件	核准基板 1 板
使用环境温度(℃)	0~40		校准箔 3 块

（三）工作原理

采用磁感应原理进行测量，当探头与覆盖层接触时，探头和磁性基体构成一个闭合磁回路，由于非磁性覆盖层存在，使磁路磁阻增加，磁阻的大小正比于覆

盖层的厚度。通过对磁阻的测量，经电脑进行分析处理，由液晶直接显示出测量值。

（四）面板构成及功能

HCC-24 型电脑涂层测厚仪外形如图 6-39 所示。

图 6-39　HCC-24 型电脑涂层测厚仪外形

（1）ON/OFF 键：仪器开关。

（2）▲键：增大输入参数的数值。

（3）▼键：减小输入参数的数值。

（4）RES 键：统计值顺序输出显示。

（5）ENTER/CAL 键：用于校准。

（6）DEL 键：消除最后测量值。

（五）使用方法

1. 测量

（1）测量准备。按要求安装好电池。

（2）厚度测量：

① 开机。按下 ON/OFF 键，仪表显示"0"时，即可开始测量。

② 检测。将测量探头平稳地放在表面清洁、干燥的被测量物上，涂层厚度值即显示出来。将测量探头从被测量物上提高（至少离被测面 5mm），重新进行系列测量（3~10 次），以判断涂层是否均匀。

③ 读取数值。按 RES 键，显示屏依次显示系列测量的平均值（MEA）、最大值（MAX）、最小值（MIN）、标准偏差（S）、测量次数（N）等五项数理统计值。

④ 消除错误。按 DEL 键，可将测量中因探头放置不稳显示出的错误测量数值清除。

（3）结束测量。按 ON/OFF 键关机。如不进行任何操作，大约 5min 后自动关机。

2. 校准

为了尽可能地提高测量精度，遇到以下情况时，需用随本机配备的核准基板及 25、200、1000μm 左右的箔片，对校准曲线重新进行校准。

（1）测量物表面粗糙。

（2）测量物曲率半径<10mm。

（3）测量物直径<20mm。

（4）基体材料的厚度<1mm。

（5）涂层很薄（<10μm）或测量精度要求很高。

（6）基体材料磁导率很低或具有超磁特性的基本材料。

（7）校准完成后，可进入厚度测量。具体校准步骤，详见仪表使用说明书。

（六）注意事项

（1）避免强烈的机械性冲击。

（2）不在高温多湿的地方存放。

（3）当显示器上出现"LOBAT"字样时，提示电池电压较低，应及时更换，以免电池漏液等原因损坏仪器。

（4）不要擅自拆卸仪器，以免造成人为的损坏。

（5）打开电源开关，无显示时，应排除无电源、电池电压过低或接触不良等故障。

（6）测量时显示出错，应正确放置测量探头的位置，或重新校准。

（7）校正时数据出错（显示值大于5000），是由于错误的输入，导致数据混乱。应先关机，再同时按 DEL 键和 ON/OFF 键开机，使数据恢复正常。然后，按仪器规定的方法进行校准。

八、地下金属管道防腐层检漏仪

HB652-FJ-1B 地下金属管道防腐层检漏仪应用人体阻容法检测漏铁信号，可在地面上检测出地下埋覆金属管道防腐层破损情况，适用于石油工业或其他工业的地下金属管道防腐层质量检查。并可用于探测地下金属管线的走向及埋深。探测距离因防腐层质量而异，一般可达 1km 以上。仪器由发射机向地下管线发送音频电磁波信号、接收机（接收漏铁信号确定漏铁位置）、探管机（探测地下管线走向和埋深）、电子计步器（记录距离、漏点定位用）等几部分组成。

（一）主要技术指标

1. 发射机

工作频率：862Hz±1Hz；

输出电压：5~150V，共 7 档；

脉冲功率：20W；

体积：145mm×170mm×80mm；

质量：1.1kg；

电源：外接 12V 免维护密封式铅蓄电池，可连续工作 8h 电池；

体积：90mm×70mm×105mm，2 只；

电池质量：15kg×2。

2. 接收机

接收频率：862Hz；

带宽：±5Hz；

灵敏度：优于 50V；

50Hz 干扰抑制比：≥60dB；

电源：内装 6V 密封镍镉电池、可工作 8~24h；

体积：145mm×170mm×80mm；

质量：0.8kg。

3. 探管机

接收频率：862Hz；

声音回路带宽：±10Hz；

灵敏度：优于 20V；

电源：内装 6V 密封镍镉电池、可工作 32h；

体积：145mm×170mm×80mm；

质量：0.8kg。

4. 充电机

专用快速充电，可在 3~5h 充满；

体积：160mm×170mm×80mm；

质量：1.3kg。

（二）仪器使用方法

1. 发射机

发射机工作时，将发射机输出端的一端用短输出线通过阴极保护测试极（或其他）接到管线上，如图 6-40 所示，如果裸管直径较大，鳄鱼夹不好夹时可用磁石吸在金属管道上。另一端用接地线（长输出线）接接地棒。接地线应与管线走向相垂直，接地棒应插入潮湿土壤中。用电源线（与充电线合用）连好外附蓄电池。

"输出选择"旋钮置"1"（对应电压为 5V，其余类推，"7"为 150V）。

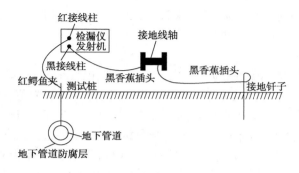

图 6-40　发射机工作连接图

"节拍""连续"开关置"连续"，打开电源开关电流表即有指示，依次旋动"输出选择"开关至 2、3 电流表指示加大，一般选择电流稍小于 2A 即可。

如管道与环境较好，在检漏范围内灵敏度较高，可适当降低电流值以降低电源消耗，且可防止探管机输入饱和。"节拍""连续"开关置"节拍"即可开始检漏工作了。发射机是本仪器消耗电流最大的，蓄电池容量按 8h 设计，使用时应注意监测其电压。负载电压 10.2V 为终止电压，使用后要及时充电。

2. 探管机

探管机的操作参见图 6-41。检漏员甲身背探管机，带长电缆的导电腕带，手持探头。插好有关插头，打开电源开关，将"增益""音量"（在耳机上）旋钮旋至适当位置，即可见表针摆动、听到信号声音。摆动探头，观察表头指示或听声音大小以确定管道位置，确保检漏员行进在管道上方。"增益"旋钮只控制表头指示，"音量"旋钮只控制耳机声音的大小。当耳机中声音很大，但表头偏移指示不灵敏，多是信号太强所致，可适当降低发射机输出强度。检电按钮为检查机内电池电压所设，在无信号输入的情况下，按下按钮，表头应指示红区以上方可操作，否则应先充电，一次充电可工作 32h。

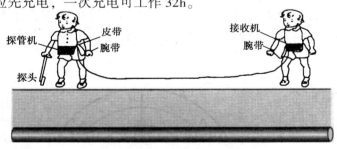

图 6-41　检漏示意图

注意：用双线圈法探管时应把探头白色的一端置左边。单线圈法的"峰音""哑点"、"测深"亦以白色一端的线圈为准。

3. 接收机

接收机的操作参见图 6-39，检漏员乙手带短电缆的导电腕带，插好有关插头，打开电源即可开始检漏工作。调"增益"旋钮使第二级发光管 LED 点亮，此时，如果在监听位置，耳机中可听到信号声。二人一前一后行进在管道上方，当防腐层正常时发光管的级数跳动不大。当检漏员甲逐渐接近漏点时，LED 逐渐升级（如果用耳机监听的话，声音也逐渐加大，但人耳的灵敏度为对数型，差别不大）至第八级 LED 点亮后，显示由原来的点显示变为线显示，一至八级同时点亮报警。如开关在报警档，七级以前耳机中无声，第八级开始发出信号声。继续前进，LED 升级，如第十级点亮后仍不降低，可降低增益找出峰值点，此时甲所在位置为可疑点。二人继续前进，当甲乙二人距可疑点等距离时信号最弱。再前进，当乙在可疑点上方时，再次出现峰值。此后，信号渐弱。此时可认为可疑点即为漏铁点。以上可以看出二次峰值为同一点，就是第一次峰值"甲"所在位置为同一点，也就是最弱点时"甲""乙"距离的中点，该点即为漏点。

有时两个漏点离得较近（与腕带输入电缆相比），可将输入电缆挽起，缩短甲乙二人的距离进行监测。也可以采取甲乙二人并行前进法加以校核，即甲沿管线上方行走，乙离开管线，使输入电缆与管线方向保持垂直，这样信号最强点甲所处的位置即是漏铁点。将漏铁点标出，以便挖开补漏。挖开的管线，可用肉眼或火花机找出漏铁处。有些漏铁，特别是管线接头处，由于现场防腐作业不完善，沥青浸涂不良，往往肉眼分辨不出，表面完好无损但管线已与大地接通造成腐蚀。这种漏点必须用高压火花机检测（火花机另外订货）。报警/监听开关置报警档时，一至七级显示时耳机无声音，信号不报警，当显示八级时耳机突然发声。当置开关于监听档时，耳机中始终有信号声，其大小与显示级数相对应。检漏员如嫌声音大小不合适，调整立体声耳机上的音量旋钮。检电按钮为检测机内电池电压而用，按下时应与报警状态相同，即前八级 LED 都亮才表明电池容量充足。本机线显示时功耗较大，机内电池只能连续工作 6h，而点显示时可连续工作 24h。

4. 充电机

所配套充电机为本仪器专用。由两个独立单元组成，互不影响。可单独使用一个单元，但不用的单元应置"电源关"。

铅电池单元：发射机外附蓄电池专用，采用定压限流充电方式，充电导线与工作时的电源线合用（插头座相同）。

镍镉电池单元：供接收机、探管机内电池充电用。采用定压限流充电方式，定压、定时自动切换涓流。充电器的使用方法很简单，接好被充电(红夹为正级、黑夹为负极)、输出插头插入仪器，接好 220V 市电，打开电源开关，指示灯亮，开始充电。

铅电池：随充电时间增长，电压增高，电流渐小，直到 0.15A 时电压近 15V 时充电结束。

镍镉电池：随充电时间的增长，电压增高，由恒流转为涓流时，基本充满，再充数小时更好。

在使用过程中：

(1) 铅电池：一充即满，电流降至 0.15A，一用即欠电压 10.2V 以下，为铅电池内阻加大断格，可反复充放几次，如无改进，应更换新电池。

(2) 镍镉电池：恒流与涓流状态反复切换，为电阻内阻加大。可让其反复切换几小时，如无改善，可人工充放电 2~3 个循环，仍无效，应更换新电池。

(三) 注意事项

(1) 本仪器的检漏原理是防腐层破损处漏铁与大地接触构成信号通路。因此，被测管线上覆土应该与管线有较好的接触。新敷管线回填后应经过一段时间，等土质沉降压实才能检漏。

(2) 发射机接地棒不要插在松土或异常干硬的地点，最好插在较潮湿的地方，以保证与大地有良好的接触。输出线与测试棒(或管线)应保证良好接触，接线前要除锈。个别情况因土地雨后太湿或是附近有特大漏点，当发射机在最低输出档表头电流超过 2A 时，可将接地棒拔出一些或改从另一点接地。

(3) 腕电极应与人体有良好接触，电极应戴在手腕上或拿在手中。不要戴手套去拿电极，也不要把腕电极戴在衣袖外面。

(4) 在高压铁塔下或工厂附近，地面杂散电流很大，探管机指示可能发生偏差，可将探头抬高或举过头顶，以减小地表电场的干扰。

(5) 在有恒电位仪保护的区域，应注意恒电位仪一般都采用可控硅控制，其高次谐波很丰富，有可能进入仪器影响检漏，最好关掉恒电位仪。但有时也可利用其高次谐波作信号源，不用本仪器的发射机来进行检漏。

(6) 牺牲阴极保护的区域使用，原则上应断开阳极堆，但在发射机功率允许，接收机和探管机灵敏度够用的情况下，也可不断开阳极堆。

(7) 接收机、探管机充电插孔直接接机内电池，充电时不用开接收机、探管机的电源开关。

(8) 发射机输出端不能短路，否则将烧坏大功率管和表头。在夏日使用时应避免烈日直晒和淋雨受潮。长期不用时，至少三个月充足电一次，进行维护。

九、智能呼吸阀检测仪

GLH 智能呼吸阀检测仪采用 16 位微机控制进行程序处理，配合微型打印机，检测储油罐呼吸阀。

（一）外形结构

GLH 智能呼吸阀检测仪的正、反面结构，见图 6-42、图 6-43。

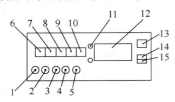

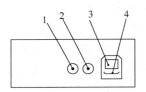

图 6-42　GLH 智能呼吸阀检测仪正面　　　图 6-43　GLH 智能呼吸阀
检测仪反面

1—功能键；2—高位数字设定键；

3—低位数字设定键；4—检测键；5—打印键；　　　1—压力传感器接口；

6—功能显示数码管；7，8—高位设定数码管；　　　2—正负压泵电源；

9，10—低位设定数码管；11—上限指示；　　　3—交流电压输入插座；

12—打印机；13—电源开关；　　　4—保险插座

14—正压键；15—负压键

（二）使用方法

（1）功能键位置见图 6-42。按键"1"功能键分别会出现 1~7 的不同操作数字，其代表的含义见表 6-36。

表 6-36　功能键含义表

数　码	含　义	操　作	举　例
1	设定阀门编号	高低位设定键	高位设定、低位设定
2	设定年份	低位设定键	高位设定、低位设定
3	设定月日	高低位设定键	高位设定、低位设定
4	设定正压上限	高低位设定键	高位设定、低位设定
5	设定正压下限	高低位设定键	高位设定、低位设定
6	设定正压上限	高低位设定键	高位设定、低位设定
7	设定正压下限	高低位设定键	高位设定、低位设定

（2）接通 220V 电源，开启电源，数码管发亮。

（3）分别设定：阀门编号，年份，月日，正压上限，正压下限，负压上限，负压下限。

（4）检测：按一下"4"检测键，数码管会显示 0000 或 0005。

（5）按动"14"正压键：此时供压电机会转动，数码管显示正压一系列变化的数字，计算机会记录一系列数据中的最大值。

（6）关掉"14"正压键，启动"15"负压键，此时会看到相同的结果。

（7）关掉"15"，等数据复零后，即可开启"5"打印按键。

（8）按"5"打印键，输出检测结果。

（9）检测第二台必须再次按"4"检测键，以此类推。

第四节　消防检测仪表

一、火焰探测器

符合一级油库标准及涉及重点监管危险化学品、符合二级油库标准的应设置火焰探测器。

根据火焰的光特性，使用的火焰探测器有三种：一种是对火焰中波长较短的紫外光辐射敏感的紫外探测器；另一种是对火焰中波长较长的红外光辐射敏感的红外探测器；第三种是同时探测火焰中波长较短的紫外线和波长较长的红外线的紫外/红外混合探测器。

具体根据探测波段可分为单紫外、单红外、双红外、三重红外、红外/紫外、附加视频等火焰探测器。油库火焰探测器宜采用多频红外式火焰探测器。

（一）多频红外式火焰探测器基本测量原理

多频红外式火焰探测器内有两个红外传感器，形成两个不同波段的信号处理通道。一为火焰探测通道，另一为背景光探测通道。在中红外光谱区的两个波段上分别对火焰信号和背景干扰信号（如阳光、照明、电焊弧及人工热体等非火灾红外辐射干扰）的辐射变化作出响应。信号经模数变换后，探测器利用微处理器的数据采集与数据处理功能直接对火焰信号和背景信号进行相关的运算和分析，根据两个通道信号的变化关系来判断有无火焰存在，达到早期探测火焰并抑制误报的目的。在设计中，信号通道又分成两条电子线路。一为低频率通过线路，另为高频率通过线路，分别对小型火灾时的火焰和中、大型火灾时的火焰进行探测，使其探测功能更加全面。探测器将探测结果作为状态信息传输给火灾报警控制器。

（二）多频红外式火焰探测器主要性能指标

（1）探测器灵敏度：按国家标准 GB 15631—2008 规定，可达到一级灵敏度，即0.11m²面积的乙醇火、正庚烷火或汽油火。探测器响应距离不小于25m。

（2）探测器视锥角：≤90°。

（3）探测器抗干扰能力：不受阳光及人工照明等背景光的干扰。

（4）探测器具有防爆、防水、防尘和抗电磁干扰性能。

（5）探测器响应时间：≤30s。

（6）信号输出方式：模拟量输出为4~20mA；无源触点输出（火灾报警或故障报警）。

（三）多频红外式火焰探测器的安装

（1）火焰探测器宜设置在储罐罐顶。

① 一般原则为将探测器安装在该保护区域内最高的目标高度两倍的地方。探测器对监视区所发生的火灾仅限于其视场角之内有效，安装时应特别注意选择探测器的安装位置。在探测器的有效范围内，不能受到阻碍物的阻挡，其中包括玻璃等透明的材料和其他的隔离物，同时能够涵盖所有目标和需要保护的地区，而且方便定期维护。

② 探测器安装时一般向下倾斜30°~45°，既能向下看又能向前看，同时又减低了镜面受到的污染的可能性。应该对保护区内各可能发生的火灾均保持直线入射，避免间接入射和反射。

③ 为避免探测盲区，一般在对面的角落安装另一只火焰探测器，同时也能在其中一只火焰探测器发生故障时提供备用。

（2）火焰探测器也可以安装在防火堤或隔堤的固定位置上，罐区另有围墙或围栏也可安装于此，如果以上位置都无法有效安装火焰探测器时可以架设安装架。防火堤是指可燃液体物料储罐发生泄漏事故时，防止液体外流和火灾蔓延的构筑物。隔堤用于减少防火堤内储罐发生少量泄漏事故时的影响范围，而将一个储罐组分隔成多个分区的构筑物。如火焰探测器安装于防火堤或者隔堤上，要保证保护区域在探测范围内。火焰探测器安装于罐区探测区，呈90°角辐射探测区，安装高度一般为探测器俯视探测区域中心点的角度为45°。一般火焰探测器的探测距离最高为50m左右，如罐区面积比较大，可以在罐区边线上甚至探测保护区域内布置探测器，以保证区域被全部探测保护到。安装示意图见图6-44。

（四）火焰探测器故障检测方法和故障分析

1. 故障检测方法

在火灾自动报警及消防联动系统的日常检查和维护保养过程中，常常会出现火焰探测器无响应、信号回路丢失、某一个或某一回路上连续几个探测器误报的

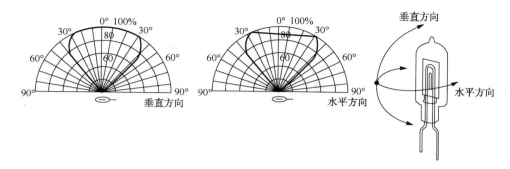

图 6-44 火焰探测器安装示意图

现象。对此类故障常用的检测方法是利用报警器对其进行测试，给报警控制器接出一个报警回路，用报警器的报警、自检等功能对探测器进行单体试验。

2. 火焰探测器的故障分析

火焰探测器的故障分析，见表 6-37。

表 6-37 火焰探测器的故障分析

故 障	原 因	处理方法
探测器不响应	探测器自身故障或线路与探测器的连接点断线或虚接	换一个探测器，检查接点是否虚接，是否有电压
回路部分丢失	两点以上探测器不响应，报警显示回路部分丢失，可能是探测器自身故障或线路断路	在故障段始端，检查接点是否虚接，是否有电压
某一探测器误报	可能是探测器自身故障、受潮、电气干扰或存在影响火灾探测器正常工作的环境干扰	换一个探测器，检查是否漏水，检查周围环境是否有强电干扰，排除各种干扰因素
某一回路上连续几次误报	可能是电气干扰或影响火灾探测器正常工作的环境干扰	检查周围环境是否有强电干扰，排除各种干扰因素

二、光纤光栅感温探测器

符合一级油库标准及涉及重点监管危险化学品、符合二级油库标准的应设置线型感温探测器。线型感温探测器宜采用光纤光栅感温探测器，即可以监测储罐的温度值又可以设定超温火灾报警。

（一）基本测量原理

光栅的基本结构为沿纤芯折射率周期性的调制（图 6-45），所谓调制就是本来沿光纤轴线均匀分布的折射率产生大小起伏的变化。

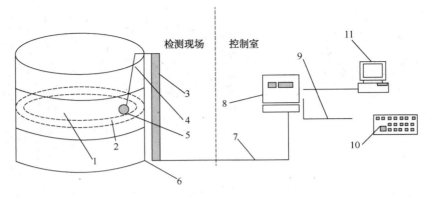

图 6-45　光纤光栅感温探测器基本测量原理示意图

1—油罐浮顶；2—连接光缆(后接感温传感器探头)；3—光缆保护管；4—传输光缆(长度可调)；
5—光缆连接器；6—油罐；7—传输光缆；8—信号处理器；9—电缆；10—报警控制器；11—系统计算机

光纤的材料为石英，由芯层和包层组成。通过对芯层掺杂，使芯层折射率 n_1 比包层折射率 n_2 大，形成波导，光就可以在芯层中传播。当芯层折射率受到周期性调制后，即成为光栅。光栅会对入射的宽带光进行选择性反射，反射一个中心波长与芯层折射率调制相位相匹配的窄带光，刺中心波长为布喇格波长。如果光栅处的温度发生变化，由于热胀冷缩，光栅条纹周期也会跟随温度变化，光栅布喇格波长也就跟着变化。这样通过检测光栅反射光的波长变化，就可以知道光栅处的温度变化。

一根光纤上串接的多个光栅(各具有不同的光栅常数)，宽带光源所发射的宽带光经 Y 形分路器通过所有的光栅，每个光栅反射不同中心波长的光，反射光经 Y 形分路器的另一端口耦合进光纤光栅感温探测信号处理器，通过光纤光栅感温探测信号处理器探测反射光的波长及变化，就可以得到解调数据，在经过处理，就得到对应各个光栅处环境的实际温度。

(二) 性能特点

(1) 光纤探测并直接进行信号传输，现场不需供电，抗电磁干扰，可靠性高。

(2) 采用光栅进行信号检测，信号数字化，不受光强起伏变化干扰，检测精确度高。

(3) 可实现单点温度测量、定位和逐点报警。

(4) 实现差定温复合报警，报警准确可靠。

(5) 系统具有自检功能，可实时监测自身运行情况并输出故障报警声光信号。

（6）信号衰减小，远距离传输，实现远程监控。

（7）系统组成方便灵活、各检测系统相对独立、结构紧凑、安装维护方便。

（8）抗腐蚀性好，使用寿命长。

（三）安装

（1）在油库应用中，一般将其安装在储罐（拱顶罐、浮顶罐）上。拱顶罐一般安装在罐顶，浮顶罐一般安装于浮顶的二次密封圈处。当采用光纤光栅感温探测器时，光栅探测器的间距不应大于 3m。消防的光纤感温探测器应根据消防灭火系统的要求进行报警分区。每台储罐至少设置一个报警分区。

（2）感温探测器可采用导热胶固定在罐上，也可以在罐顶固定一根支撑钢丝，至少每隔 3m 用一个支架来固定钢丝。然后将感温光缆固定在支撑钢丝上，每隔 1m 用扎带将感温光缆和钢丝扎紧。支撑钢丝应当收紧，当有外力碰撞时保护光缆不受张力影响。钢丝的材料选用大于 $\phi5mm$ 的不锈钢丝。

（3）感温探测器及连接光缆固定后应避免与罐内介质直接接触。

（4）在感温光缆通往被保护物体的过程中可以走弱电桥架，如果没有桥架则需敷设保护管或线槽，以保证光缆安全，绝不允许光缆单独悬空走线。

（四）在油库中的应用

在油库火灾检测中，光纤光栅感温探测器一般和传输光缆、感温火灾探测处理器配合使用。光纤光栅感温火灾探测器安装在被测点表面，实现温度信号的采集；感温火灾探测处理器放置在主控制室内；被测点和感温火灾探测处理器之间采用光纤光缆进行信号传输；感温火灾探测处理器输出多路温度报警开关信号、故障报警开关信号，并可以通过以太网口或者串行口向控制系统、火灾报警控制器传送信号，可实现在系统中分区温度显示、分区温度报警和各光路故障报警及消防控制。

第五节　常用仪表阀门及执行机构

一、数字多段电液阀

在油库生产应用中，汽车装车控制阀、铁路装车控制阀宜采用活塞式数字多段电液阀。

（一）基本测量原理

数字多段电液阀由一个主阀和两个电磁阀组成，见图 6-46。主阀响应速度

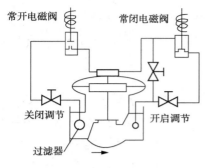

图 6-46　数字多段电液阀结构示意图

的控制是利用两个柱塞阀安装于主阀的入口和出口，通过两个柱塞阀细微调节主阀的启闭速度。调整这些装置（柱塞阀）以控制流入和流出活塞上方介质的流量，达到主阀启闭速度能基于介质的黏度及压力调整的目的。当两电磁阀通电时，进油孔（上游阀）回路关闭，先导孔（下游阀）回路打开，活塞上腔泄压，活塞上行，主阀打开。反之，活塞下行，主阀关闭。在主阀开启和关闭过程中，可将流量（流速）信号及阀塞位置信号传送给计算机，经过计算机处理后发出相应的指令，控制两个电磁阀的通、断电状态，使活塞的上下腔的液压差产生变化，从而将活塞控制在所需的开启度上，实现对管道介质流量的控制。

（二）主要技术特点

（1）与计算机配合，可实现无级开闭，多段控制流量流速。

（2）相对膜片式电液阀，具有线性控制，匀速响应，压力损失小等优点。

（3）恒流功能优异，开关响应时间可调，大流量时压降低，小流量时控制平稳，效果最佳，多级关阀能减小水击影响。

（4）安全、节能，电源可选用 24V，也可根据用户要求使用 220V 交流电压。

（5）可加装阀塞开度信号传感器，及时反馈阀塞工作状态。

（6）设计先进，结构简单，控制管路全部内置，使用维护方便。

（7）有手动装置，保证停电使用。

（8）可水平、垂直、倾斜安装，适用范围广。

（9）开启灵活，工作安全可靠，使用寿命大于 10 万次。

（三）安装注意事项

电液阀的连接型式为法兰连接。电液阀安装时应确保流向正确，流向标志在阀体上。在装车发油管线上，数控电液阀一般安装在流量计的后方，目的是避免阀门开关对流量计的影响。

（四）生产应用

数字多段电液阀能手动控制和自动控制。由电脑控制器自动控制时，能进行自动调节，实现恒流功能。数字多段电液阀广泛应用于石油、化工、消防、供水系统等行业的自动化收发系统，如油料自动化控制系统、自动化灌装系统、消防自动化控制系统、城市供水系统等。

二、气动执行机构

油库设置的管线紧急切断阀、罐根阀用紧急切断阀应采用故障安全型执行机构，可满足使用要求的故障安全型执行机构宜用气动执行机构。

（一）基本原理

当压缩空气从 A 管嘴进入气动执行器时，气体推动双活塞向两端（缸盖端）直线运动，活塞上的齿条带动旋转轴上的齿轮逆时针方向转动 90°，阀门即被打开。此时气动执行阀两端的气体随 B 管嘴排出。反之，当压缩空气从 B 管嘴进入气动执行器的两端时，气体推动双塞向中间直线运动，活塞上的齿条带动旋转轴上的齿轮顺时针方向转动 90°，阀门即被关闭。此时气动执行器中间的气体随 A 管嘴排出。以上为标准型的传动原理。根据用户需求，气动执行器可装置成与标准型相反的传动原理，即选择轴顺时针方向转动为开启阀门，逆时针方向转动为关闭阀门。单作用（弹簧复位型）气动执行器 A 管嘴为进气口，B 管嘴为排气孔，B 管嘴应安装消声器。A 管嘴进气为开启阀门，断气时靠弹簧力关闭阀门。

（二）基本分类

（1）按执行机构工作方式分为直行程和角行程。

（2）按执行机构作用形式分为单作用和双作用。执行器的开关动作都通过气源来驱动执行，叫做双作用。单作用的开关动作只有开动作是气源驱动，而关动作时弹簧复位。

（3）按执行机构调节形式分为调节型和开关型。

（4）按执行机构结构形式分为薄膜式、活塞式、拨叉式和齿轮齿条式。薄膜式行程较小，只能直接带动阀杆。活塞式行程长，适用于要求有较大推力的场合。拨叉式气动执行器具有扭矩大、空间小、扭矩曲线更符合阀门的扭矩曲线等特点，但是不很美观，常用在大扭矩的阀门上。齿轮齿条式气动执行机构有结构简单、动作平稳可靠、安全防爆等优点，在发电厂、化工、炼油等对安全要求较高的生产过程中得到广泛的应用。

（三）主要技术特点

（1）气动执行机构接受连续的气信号，输出直线位移（加电/气转换装置后，也可以接受连续的电信号），有的配上摇臂后，可输出角位移。

（2）气动执行机构有正、反作用功能。

（3）气动执行机构移动速度大，但负载增加时速度会变慢。

（4）气动执行机构可靠性高，但气源中断后阀门不能保持（加保位阀后可以保持）。

（5）气动执行机构不便实现分段控制和程序控制。

（6）控制精度较低，双作用的气动执行器，断气源后不能回到预设位置。单作用的气动执行器，断气源后可以依靠弹簧回到预设位置。

三、电动执行机构

在油库生产应用中，码头装船控制阀和消防阀门的执行机构一般采用电动执行机构。

（一）电动执行机构的性能特点

随着科技的进步，原来仅仅用于开关阀门的电动执行机构，如今已经包含了电动机、减速器、力矩行程限制器、开关控制箱、手轮和机械限位装置以及位置发送器等多个部分，具有以下特点：

（1）定位精度高，并具有瞬时启停特性及自动调整死区、自动修正功能，长期运行仍能保证可靠的关闭和良好的运行状态。

（2）能够进行推杆行程的非接触式检测。

（3）更快的相应速度，无爬行、超调和震荡现象。

（4）具有通信功能，可通过上位机和执行机构上的按钮进行调试和参数设定。

（5）具有故障诊断与处理功能，能自动判别输入信号开路、电动机过热或者堵转、阀门卡死、通信故障、程序出错等，并能自动的切换阀门到安全位置；当供电电源断电时，能自动切换到备用电池上，使位置信号保存下来。

（二）电动多回转执行机构

电力驱动的多回转式执行机构是最常用、最可靠的执行机构类型之一。使用单相或三相电动机驱动齿轮或蜗轮蜗杆最后驱动阀杆螺母，阀杆螺母使阀杆产生运动使阀门打开或关闭。

多回转式电动执行机构可以快速驱动大尺寸阀门。为了保护阀门不受损坏，安装在阀门行程终点的限位开关会切断电机电源，同时当安全力矩被超过时，力矩感应装置也会切断电机电源，位置开关用于指示阀门的开关状态，安装离合器装置的手轮机构可在电源故障时手动操作阀门。

这种类型执行机构的主要优点是所有部件都安装在一个壳体内，在这个防水、防尘、防爆的外壳内集成了所有基本及先进的功能。主要缺点是当电源故障时，阀门只能保持在原位，只有使用备用电源系统，阀门才能实现故障安全位置（故障开或故障关）。

（三）电动单回转执行机构

单回转执行机构类似于电动多回转执行机构，主要差别是执行机构最终输出的是 1/4 转 90°的运动。新一代电动单回转式执行机构结合了大部分多回转执行机构的复杂功能，例如使用非进入式用户友好的操作界面实现参数设定与诊断功能。

单回转执行机构结构紧凑可以安装到小尺寸阀门上，通常输出力矩可达 7840N·m，另外因为所需电源较小，它们可以安装电池来实现故障安全操作。

（四）电动执行机构与气动执行机构的比较

从技术性能方面讲，气动执行器的优势主要包括以下 4 个方面：

（1）负载大，可以适应高力矩输出的应用(不过，现在的电动执行器已经逐渐达到目前的气动负载水平了)。

（2）动作迅速、反应快。

（3）工作环境适应性好，特别在易燃、易爆、多尘埃、强磁、辐射和振动等恶劣工作环境中，比液压、电子、电气控制更优越。

（4）行程受阻或阀杆被扎住时电机容易受损。

而电动执行器的优势主要包括以下 8 个方面：

（1）结构紧凑，体积小巧。比起气动执行器，电动执行器结构相对简单，一个基本的电子系统包括执行器、三位置 DPDT 开关、熔断器和一些电线，易于装配。

（2）电动执行器的驱动源很灵活，一般车载电源即可满足需要，而气动执行器需要气源和压缩驱动装置。

（3）电动执行器没有"漏气"的危险，可靠性高，而空气的可压缩性使得气动执行器的稳定性稍差。

（4）不需要对各种气动管线进行安装和维护。

（5）可以无需动力即保持负载，而气动执行器需要持续不断的压力供给。

（6）由于不需要额外的压力装置，电动执行器更加安静。通常，如果气动执行器在大负载的情况下，要加装消音器。

（7）在气动装置中的通常需要把电信号转化为气信号，然后再转化为电信号，传递速度较慢，不宜用于元件级数过多的复杂回路。

（8）电动执行器在控制的精度方面更胜一筹。

实际上，气动系统和电动系统并不互相排斥。气动执行器可以简单地实现快速直线循环运动，结构简单，维护便捷，同时可以在各种恶劣工作环境中使用，如有防爆要求、多粉尘或潮湿的工况。但在作用力快速增大且需要精确定位的情况下，带伺服马达的电驱动器更有优势。对于要求精确、同步运转、可调节和规定的定位编程的应用场合，电驱动器是最好的选择，带闭环定位控制器的伺服或步进马达所组成的电驱动系统能够补充气动系统的不足之处。

现代油库生产中并不是某种驱动控制技术就可满足系统的多种控制功能，气动和电动会同时出现在油库的应用中。电动执行器主要用于需要精密控制的应用场合，现在自动化设备中柔性化要求在不断提升，同一设备往往要求适应不同尺寸工件的加工需要，执行器需要进行多点定位控制，而且要对执行器的运行速度及力矩进行精确控制或同步跟踪，这些利用传统气动控制是无法实现的，而电动执行器就能非常轻松地实现此类控制。由此可见气动执行器比较适用于简单的运动控制，而电动执行器则多用于精密运动控制的场合。

第六节　常用压力测量仪表

压力仪表是油库最常用的仪表之一。它体积小、重量轻、结构简单，是油品储存、流转过程中通过压力来反映运行设备安全状态的主要窗口，在油库安全运行上发挥着至关重要的作用。

一、压力表

（一）基本测量原理

压力表通过表内的敏感元件（波登管、膜盒、波纹管）的弹性形变，再由表内机芯的转换机构将压力形变传导至指针，引起指针转动来显示压力。

（二）主要分类

（1）按测量精确度可分为精密压力表和一般压力表。精密压力表的测量精确度等级分别为 0.05、0.1、0.16、0.25、0.4 级；一般压力表的测量精确度等级分别为 1.0、1.6、2.5、4.0 级。

（2）按测量基准不同，分为一般压力表、绝对压力表、不锈钢压力表、差压表。一般压力表以大气压力为基准；绝对压力表以绝对压力零位为基准；差压表测量两个被测压力之差。

（3）按测量范围分为真空表、压力真空表、微压表、低压表、中压表及高压表。真空表用于测量小于大气压力的压力值；压力真空表用于测量小于和大于大气压力的压力值；微压表用于测量小于 60000Pa 的压力值；低压表用于测量 0~6MPa 压力值；中压表用于测量 10~60MPa 压力值；

（4）按显示方式分为指针压力表，数字压力表。

（5）按使用功能分为就地指示型压力表和带电信号控制型压力表。一般压力表、真空压力表、耐震压力表、不锈钢压力表等都属于就地指示型压力表，除指示压力外无其他控制功能。

（6）按测量介质特性不同分为一般型压力表、耐腐蚀型压力表、防爆型压力表、专用型压力表。

（7）按用途可分为普通压力表、氨压力表、氧气压力表、电接点压力表、远传压力表、耐振压力表、带检验指针压力表、双针双管或双针单管压力表、数显压力表、数字精密压力表等。

（三）选用原则

压力表的选用应根据使用工艺生产要求，针对具体情况做具体分析。在满足工艺要求的前提下，应本着节约的原则全面综合考虑，一般应考虑以下几个方面的问题。

1. 类型的选用

（1）根据被测介质的性质（如被测介质的温度高低、黏度大小、腐蚀性、脏污程度、是否易燃易爆等）是否对仪表提出特殊要求，现场环境条件（如湿度、温度、磁场强度、振动等）对仪表类型的要求等选择仪表。根据工艺要求正确地选用仪表类型是保证仪表正常工作及安全生产的重要前提。

（2）普通压力表的弹簧管多采用铜合金（高压的采用合金钢）；氨用压力表弹簧管的材料采用碳钢（或者不锈钢），不允许采用铜合金，因为氨与铜接触会因化学反应而引起爆炸，所以普通压力表不能用于氨压力测量。

（3）氧气压力表与普通压力表在结构和材质方面可以完全一样，只是氧用压力表必须禁油。因为油进入氧气系统易引起爆炸。所用氧气压力表在校验时，不能像普通压力表那样采用油作为工作介质，并且氧气压力表在存放中要严格避免接触油污。如果必须采用现有的带油污的压力表测量氧气压力时，使用前必须用四氯化碳反复清洗，认真检查直到无油污时为止。

2. 测量范围的确定

（1）为了保证弹性元件能在弹性变形的安全范围内可靠地工作，在选择压力表量程时，必须根据被测压力的大小和压力变化的快慢，留有足够的余地，因此，压力表的上限值应该高于工艺生产中可能的最大压力值。根据《化工自控设计技术规定》，在测量稳定压力时，最大工作压力不应超过测量上限值的2/3；测量脉动压力时，最大工作压力不应超过测量上限值的1/2；测量高压时，最大工作压力不应超过测量上限值的3/5。一般被测压力的最小值应不低于仪表测量上限值的1/3。从而保证仪表的输出量与输入量之间的线性关系。

（2）根据被测参数的最大值和最小值计算出仪表的上、下限后，不能以此数值直接作为仪表的测量范围。我们在选用仪表的标尺上限值时，应在国家规定的标准系列中选取。

（四）应用注意事项

（1）仪表必须垂直，不应强扭表壳，运输时应避免碰撞。

（2）使用中因环境温度过高，仪表指示值不回零位或出现示值超差，可将表壳上部密封橡胶塞剪开，使仪表内腔与大气相通即可。

（3）仪表使用范围，应在上限的1/3～2/3之间。

（4）在测量腐蚀性介质、可能结晶的介质、黏度较大的介质时应加隔离装置。

（5）仪表应经常进行检定（至少每三个月一次），如发现故障应及时修理；当发现仪表指示不良或损坏时，应及时进行更换。

（6）需用测量腐蚀性介质的仪表，在订货时应注明要求条件，需采用特殊材质的仪表。

二、压力变送器

（一）基本测量原理

当压力直接作用在测量膜片的表面，使膜片产生微小的形变，测量膜片上的高精度电路将这个微小的形变变换成为与压力成正比的高度线性、与激励电压也成正比的电压信号，然后采用专用芯片将这个电压信号转换为工业标准的 4～20mA 电流信号或者 1～5V 电压信号。

（二）基本分类

压力变送器分为普通压力变送器，防爆压力变送器，差压变送器，中、高温压力变送器和远传压力变送器。

（三）选用原则

在油库应用中，压力变送器除了测量工艺管线的压力外，主要用于混合库存管理系统密度测量，这时压力变送器精度不应低于 0.07%。同时压力变送器的选用还应该注意以下几点：

（1）变送器要测量什么样的压力。先确定系统中要确认测量压力的最大值，一般而言，需要选择一个具有比最大值还要大 1.5 倍左右的压力量程的变送器。对于一些有峰值和持续不规则的上下波动的系统，这种瞬间的峰值能破坏压力传感器，使精度下降。于是，可以用一个缓冲器来降低压力毛刺，但会降低传感器的响应速度。所以在选择变送器时，要充分考虑压力范围、精度与其稳定性。

（2）什么样的压力介质。要考虑的是压力变送器所测量的介质，在油库生产，测量介质大都为原油、汽油、柴油等，用常规的材料即能满足要求。但是对于一些有腐蚀性的介质，就要采用化学密封，可以有效地阻止介质与压力变送器的接液部分的接触，从而起到保护压力变送器，延长了压力变送器的寿命。

（3）变送器需要多大的精度。决定精度的因素有非线性、迟滞性、非重复性、温度、零点偏置刻度和温度。精度越高，价格也就越高。每一种电子式的测量计都会有精度误差，由于各个国家所标的精度等级是不一样的，因此在选型时应特别注意。

（4）变送器的温度范围。通常一个变送器会标定两个温度范围，即正常操作的温度范围和温度可补偿的范围。正常操作温度范围是指变送器在工作状态下不被破坏的时候的温度范围，在超出温度补偿范围时，可能会达不到其应用的性能指标。温度补偿范围是一个比操作温度范围小的典型范围。在这个范围内工作，变送器肯定会达到其应有的性能指标。温度变化会在两方面影响输出，一是零点漂移，二是影响满量程输出。

（四）应用注意事项

（1）压力变送器应避免与腐蚀性或过热的介质接触。

（2）压力变送器测量液体压力时，取压口应开在流程管道侧面，以避免沉淀积渣。

（3）压力变送器测量气体压力时，取压口应开在流程管道顶端，并且变送器也应安装在流程管道上部，以便积累的液体容易注入流程管道中。

（4）测量蒸汽或其他高温介质时，需接加缓冲管（盘管）等冷凝器，不应使变送器的工作温度超过极限。

（5）冬季发生冰冻时，安装在室外的变送器必须采取防冻措施，避免引压口内的液体因结冰体积膨胀，导致传感器损坏。

（6）测量液体压力时，变送器的安装位置应避免液体的冲击（水锤现象），以免传感器过压损坏。

（7）压力变送器接线时，电气接口应该防水处理，以防雨水等通过电缆渗漏进入变送器壳体内。

第七节　常用温度测量仪表

油库生产中，需要使用温度测量仪表对大罐和工艺管道内油品的温度进行测量。常用的温度测量仪表有双金属温度计、热电阻和多点平均温度计，其中，多点平均温度计在大罐计量中有着重要作用。

一、双金属温度计

（一）基本测量原理

双金属温度计的工作原理是将两种不同温度膨胀系数的金属片制成螺旋卷形状，以提高测温灵敏度，当多层金属片的温度改变时，各层金属膨胀或收缩量不等，使得螺旋卷卷起或松开。由于螺旋卷的一端固定而另一端和一个可以自由转动的指针相连，因此，当双金属片感受到温度变化时，指针即可在圆形分度标尺上指示出温度来。

（二）基本分类

按双金属温度计指针盘与保护管连接方向可以把双金属温度计分成轴向型、径向型、135°向型和万向型四种。

二、热电阻

（一）基本测量原理

热电阻的测温原理是基于导体或半导体的电阻值随温度变化而变化这一特性来测量温度及与温度有关的参数。热电阻大都由纯金属材料制成，目前应用最多的是铂和铜，现在已开始采用镍、锰和铑等材料制造热电阻。热电阻通常需要把电阻信号通过引线传递到计算机控制装置或者其他二次仪表上。

（二）基本分类

（1）普通型热电阻。从热电阻的测温原理可知，被测温度的变化是直接通过热电阻阻值的变化来测量的，因此，热电阻体的引出线等各种导线电阻的变化会给温度测量带来影响。

（2）铠装热电阻。铠装热电阻是由感温元件(电阻体)、引线、绝缘材料、不锈钢套管组合而成的坚实体。

（3）端面热电阻。端面热电阻感温元件由特殊处理的电阻丝绕制，紧贴在温度计端面。它与一般轴向热电阻相比，能更正确和快速地反映被测端面的实际温度，适用于测量轴瓦和其他机件的端面温度。

（4）隔爆型热电阻。隔爆型热电阻通过特殊结构的接线盒，把其外壳内部爆炸性混合气体因受到火花或电弧等影响而发生的爆炸局限在接线盒内，生产现场不会引起爆炸。

三、多点平均温度计

由于油库中某些大型储罐的体积庞大，结构多样，储罐内产品的特性不一，温度不一致，用单点温度测量作为产品平均温度来计算会造成很大的误差，而多点温度计能够提供液位下多点温度和液位上多点温度的测量。通过这些温度点的测量值，可以计算液位下平均温度、液位上平均温度、罐内平均温度，为准确计算液体质量提供依据。

（一）基本测量原理

多点平均温度计是在温度计中集成了多个温度探头(图6-47)，用特有的编码技术给每个温度探头按照一定的顺序进行编码，当表头读出温度探头每个温度信息的同时，也读取了温度探头的编码信息及温度探头的位置信息进行比较，来准确地判断油罐中液体的位置，再由表头计算出液体温度的平均值并输出 4~20mA 的通用标准信号。

（二）基本技术特点

（1）自动判断液体位置、自动输出液体内的温度平均值。

（2）单点测量精度高，输出多点温度平均值，最能反映出液体温度的真实值。

（3）结构精巧耐用、安装简单方便、抗冲击性好、耐腐蚀，核心部件均为美国进口。

（4）可与雷达液位计、伺服液位计进行配套，精确计算储罐内介质的容量。

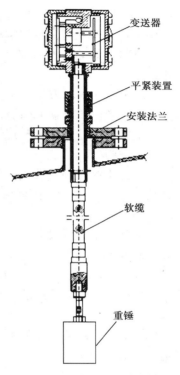

图6-47　多点平均温度计

变送器

平紧装置

安装法兰

软缆

重锤

第八节　自控定量灌装系统维护检修

一、设备日常维护与保养

（一）控制及软件系统

（1）严格按照油库自控定量装车(计算机付油)系统使用与维护手册的要求，首先认真检查线路连接设备工况有无异常；机柜总电源、UPS 等电源供电是否正常。

（2）开启上位机和 PLC 电源，检查上位机与 PLC 通信是否正常；密度、温度以及车用乙醇汽油调和组分油与变性燃料乙醇调和比例是否正常。

（3）检查上位机显示与现场实际操作是否一致。

（二）现场设备

（1）经常擦拭现场管道、阀门、计量仪表等设备设施，确保整洁、无油污；检查动、静密封点和管道等有无泄漏；接地或跨接线等有无松脱、连接不牢或断开、损坏等。

（2）观察泵类等设备运行是否正常，有无异常声音，电动机壳体是否局部过热等，发现异常应及时停止运行，并查明原因，排除故障后方可恢复运行。

（3）定期(尤其雷雨季节前)检测防雷接地、静电接地、电气设备的工作接地、保护接地及信息系统的接地以及重复或共用接地的阻值是否在规定的允许范围内。

（4）对设计的系统软件中的用户名(已设置为默认的)不得进行编辑或删除，否则可能造成系统无法登录。

（5）控制室内的计算机为专机专用，不得观看电影、听音乐或做其他使用；严禁擅自接入任何 U 盘、光盘等，防止病毒或其他不良程序及文件侵入，造成系统瘫痪。

（6）系统需要的文件都已安装完毕，在固定的目录下都有相应的文件，不得随意删除或修改任何已有的目录和文件，也不得再添加安装任何系统以外的软件。

（7）一旦系统出现故障，不能正常启动时，可以使用系统恢复盘恢复系统。若系统恢复后仍无法正常启动，则应请专业技术人员进行处理，未经允许不得擅自进行拆除或调校处理。

（8）对上位机整个操作系统、相关系数以及付油系统的数据库及时进行备份。

（9）加强控制室温度控制，确保环境、设备整洁无灰尘；无关人员不得随意入内。

二、自控定量灌装系统常见故障及排除方法

自控定量灌装系统常见故障及排除方法，见表6-38。

表6-38　自控定量装车系统常见故障及排除方法

故　障	原　因	排除方法
采集窗口打不开	与PLC没有通信	重新启动上位机
		重启PLC
		Step7口连接PLC
密度、温度、流量、流速等无法采集	与CP132或4520转换器没有通信	重启软件或更换CP132或4520
	设备没有进行地址位标定	现场标定传感器地址位
电液阀关阀过早或过晚	与油罐液位高度有关	调整减速开关时间
	与当次装车临界流速有关	调整现场电液阀的针阀开阔大小
静电溢油报警	没有夹好静电夹	通知现场夹好静电线
	静电溢电设备故障	更换静电溢油设备
无流量报警	现场流量计前后球阀处于关闭状态	通知现场打开球阀
	气阻	排气
	管道泵不工作	维修管道泵
启动后无流量控制、参数失准（显示装车值与设定值误差较大）	系统内有其他报警，如静电、急停	接好静电接地夹，取消急（暂）停操作
	手动阀未打开	打开手动阀
	继电器不动作	检查控制室内继电器或更换
	电液阀未供电或虽供电仍未开启	检查电液阀供电情况或更换
计量精度失准（流量计表数与标准计量罐示值存有误差）	系统参数录入不合理	参见其使用手册，校对录入参数
	电液阀无故障时入口阀的开度不合理	合理调节入口阀的开度
	流量计失准	调校流量计表或更换
数显屏供电后不亮	电源线脱落或者松动，连接不牢固	测量控制柜内数显屏的供电端子和现场数显屏的电源端子的电压
	显示屏故障	紧固脱落或松动的接线，损坏的要及时维修；更换显示屏
数显屏显示混乱	某个或部分数显屏的接线故障	逐路分别检查通信线
溢油已报警，但油品仍溢出	溢油探头插入位置或深度不够	调整溢油探头位于罐车的适当位置处

续表

故　障	原　因	排除方法
流速较低	电液阀未全部打开	打开电液阀上的手动阀门
	过滤器堵塞	清洗过滤器
	手动阀未全开	打开手动阀
	发油泵工作不正常	判断并排除发油泵工作故障
电液阀不能调节流速	电液阀自身故障	更换
	电液阀上游液压传导管堵塞	检查电液阀的入口与出口阀是否正常，疏通堵塞，更换阀片
	电液阀下游电磁阀关闭不严	维修出口阀或更换
电液阀能调节但流速不能保持	入口阀阀片损坏，导致关闭不严	维修或更换入口阀阀片
电液阀已关闭	电液阀主阀含有杂质，导致关闭不严	打开电液阀阀盖，清除杂质
调节流量时，电液阀关闭	入口阀门开度过大	调整阀门开启度
	保持流速参数值设定过小	调整设定值
	电液阀内有空气，导致调节过程不正常	排出空气
控制室温度显示与实际温度相差较大	线路松脱或连接不牢固	检查接线并紧固
	温度计量程设置与实际不符	检查参数录入画面温度计设置
	温度变送器损坏	更换温度变送器
流量计指针表与控制定显示流量不一致	若流量计指针表比控制室显示流量少，表明归零不正确或流量计表已损坏	正确归零操作或更换
	若流量计指针表比控制室显示流量多，则流量计发信头已损坏	检修流量计表，更换发信头
流量计指针表走数，控制室无流量显示	信号放大器损坏	更换
	发信头损坏	更换
	供电电压不足	检查供电线路，测量电压
PLC控制器出现故障指示	脉冲模块或模拟量模块出现故障	检查模块供电电源或更换
	PLC控制器I/O模块间的数据总线松脱或连接不牢靠	重新安装模块，连接好数据总线
	内存卡损坏	更换内存卡或联系厂家解决
操作系统被破坏	人为破坏或病毒导致	重新恢复操作系统，或者采用杀毒软件杀毒

第九节　其他信息系统维护检修

一、液位监控系统

（一）常规检查

（1）检查液位监控系统现场显示屏数据是否与计量台账记录数据相符。

（2）检查液位监控系统（包括防爆软管、电缆密封、防爆接线盒等）是否连接牢靠，有无松动，防爆接线盒密封是否完好。

（二）维护保养

（1）每天对液位监控系统控制台进行清洁处理，保持液位监控系统控制台清洁干净。

（2）定期保养清洁现场液位监控系统显示牌及附属设备。

（3）检验检测保护接地电阻值，并不得大于 4Ω；电阻值超差的，应及时进行降阻处理。

（三）操作注意事项

（1）液位监控系统的操作必须严格按其使用说明书进行操作。

（2）操作过程中，需要释放人体静电的场所或设备，应先进行人体静电的释放过程。

（3）在切换供电电源或停电启用备用发电机时，必须先将该系统电源断开，等供电电压和电源频率稳定后再启动液位仪，以防止电源不稳定影响液位监控系统的正常使用。

（4）不得随意拆卸液位监控系统及附属设备，出现故障时，应及时记录故障现象，并请生产厂家专业维修人员进行处理。

（5）在收、发油作业时，若出现高、低液位异常报警信号，应立即停止作业，经查明原因确认无误后，方可继续作业。

二、闭路电视监控系统

（一）日常检查及维护保养

（1）核对电源。闭路电视系统中的电源主要有交流 220V、24V 和直流 12V 等。设备错误接入低电压会造成系统不能正常工作，但错误接入高电压则极易造成设备损坏、系统瘫痪。因此，系统供电之前一定要认真核对电源，确保供电电源正确、稳定，屏蔽层接地良好。

（2）线路巡检。线路巡检的重点是与系统相关的线路有无发生短路、断路、线间绝缘不良、接地和误接地等，接插件尤其是接头等有无松脱、开焊，安装是否牢固；室外摄像机线路的耐高、低温性能以及防雷性能等情况。

（3）设备及部件的调整情况。注意检查主机、码分配器或控制键盘等有通信控制关系的设备之间的通信接口和方式与对应摄像机解码器上的开关和调整旋钮位置是否正确以及设备驱动能力是否满足或超出规定的连接数量等，否则将影响设备使用和系统性能。

（4）检查室内外设备、环境卫生，擦拭显示器、摄像机镜头及防护罩灰尘，清除硬盘录像机等内部灰尘，防止灰尘过大，影响系统正常工作。

（二）闭路电视监控系统常见故障及排除方法

闭路电视监控系统常见故障及排除方法，见表6-39。

表6-39　闭路电视监控系统常见故障及排除方法

故　障	原　因	排除方法与措施
监视器出现黑白杠并滚动	电源性能不好或局部损坏，屏蔽接地不良	在视频线进入控制部分前加装地环隔离变压器
		在控制主机上就近接入一台监视器，如果没有出现这个现象，说明控制主机没问题；然后，用一台便携式监视器就近接在前端摄像机的视频输出端，逐台检查摄像机，以排除电源问题，再针对其设备予以查找
监视器出现木纹状干扰	视频传输线质量不好，如屏蔽性差；传输阻抗过大，使信号衰减以及特性阻抗和分布参数超出规定	可截取一段视频电缆送检测部门检测，确属电缆质量问题，应全部更换为符合标准和要求的视频电缆
	供电系统有干扰信号，即50Hz正弦波上叠加有来自电网中的大电流，高电压的可控硅设备产生的干扰信号	整个系统使用净化电源或在线UPS供电
	系统附近有很强的干扰源	加强摄像机屏蔽以及对视频电缆进行接地处理
监视器上大面积网纹干扰	视频电缆线的芯线短路、断路所致	检查线路接头（尤其BNC或其他视频接头）
监视器上出现间距相等的竖条干扰	视频传输线的特性阻抗不匹配	一般在始端串接电阻或终端并接电阻可解决，最好对电缆进行抽样检测，确保电缆质量

续表

故　　障	原　　因	排除方法与措施
由传输线引入的空间辐射干扰	在传输系统前端或中心控制室附近有较强的、频率较高的空间辐射源	无法避开辐射源时，应对前端及中心设备加强屏蔽，对传输线的管路采用钢管并良好接地
云台转动不灵活	云台安装方式不正确	摄像机正装（坐在云台转台的上部）
	摄像机及其防护罩超过云台承重	减重
	室外环境温度过高或过低，或者防水、防冻措施不良	采取措施做好适应性防护工作
前端设备遥控受阻	距离过远时，控制信号衰减太大，解码器接受的信号太弱，操作键盘无法通过解码器对摄像机（包括镜头）和云台进行遥控	在一定距离上加装中继盒，以加大整形控制信号，实现对前端设备的遥控
监视器的图像对比度太小，图像淡	检查控制主机及监视器，若不是其自身问题，就是传输距离过远或视频传输衰减太大	修理或更换控制主机及监视器，或者加入线路放大和补偿装置
图像不清晰或彩色丢失	图像信号的高频端损失过大，以 MHz 以上频率的信号基本丢失	应分别针对其具体原因妥善解决，比如高频端补偿、放大等
	传输距离过远，中间又无放大补偿装置	调整镜头焦距，检查摄像机
	视频传输电缆分布电容过大	清理防护罩等处的灰尘
	传输线与屏蔽线间出现集中分布的等效电容	检查电源插头是否松脱，线路是否短路、断路
色调失真	传输线引起的信号高频段相移过大（尤以远距离视频基带传输方式不易于出现）	增加机位补偿器
操作键盘失灵	检查连线无问题后，其多为操作键盘"死机"和键盘本身损坏而造成	检查连线有无松脱或连接不牢，断路等
		按键盘操作使用说明解决"死机"，如整机复位等
录像资料不保存或不能回放	初始设置参数不正确	检查系统工况，初始参数的设置情况

（三）使用过程中的注意事项

（1）长时间不观看监视器图像，应将监视器关闭。

（2）不应对系统参数进行修改以及进行上网、游戏等其他操作。

（3）不应对系统进行格式化处理。

第七章 油库自动化与信息化 教育训练及演习

教育训练与演习是油库的一项经常工作，利用仿真网络进行教育训练与演习可起到事半功倍的效果。现简介油库全景仿真网络教学系统、油库三维仿真系统、油库标准作业程序训练与考核系统、油库消防预案演示系统四种在油库已经应用的系统。

第一节 油库全景仿真网络教学系统

一、系统概述

油库全景仿真网络教学系统采用油库全景360度浏览（图7-1），综合运用多种成熟技术，降低了对专业知识的理解难度，大大提高学习兴趣，提升学习效果；把系统放置于网络服务器，所属油库业务人员通过网络可随时上网学习，有效弥补集训次数少、时间短的不足；远程共享海量油库教学资源，大量节省书籍和材料费用、大幅度节省学习成本。目前部分非商业油库进行了试点推广，反响良好，用户普遍反映该系统形式新颖，结构合理，内容丰富，方便学习并极大提高学习效率，并计划进一步完善后向全军推广。

图7-1 油库全景仿真网络教学系统

二、技术原理

系统采用 B/S 结构，即 Browser/Server(浏览器/服务器)结构，用户通过浏览器访问服务器，所有数据均在服务器端处理。采用"鱼眼"成像技术对油库设备设施进行实景拍摄，采用动态拼接技术实现油库设备设施360°无缝全景浏览。采用等比例三维建模、结构及工作原理动态模拟、多媒体处理等技术实现多角度、全方位的油库仿真网络教学。

三、功能特点

油库全景仿真网络教学系统功能特点如下。

（1）全景浏览。采用"鱼眼"技术对实景进行拍摄，采用无缝拼接技术保证浏览的连贯性。

（2）三维建模。采用三维建模软件对油库设备设施进行等比例建模，使学习者可以准确直观的了解其总体构成。

（3）动态模拟。采用三维动画技术实现油库设备设施的动态拆分、运动模拟，使学习者直观的了解其结构组成、工作原理。

（4）动态网页浏览。对油库设备设施专业知识提供动态网页链接，网页内容丰富，形式多样，并预留数据库接口，以方便对数据进行更新扩充。

（5）媒体压缩。为了减少网络延迟，保证远程访问的流畅程度，对系统内部包含的多媒体资源均采用当前流行的压缩技术，在满足效果的前提下尽量减小体积。

四、主要性能指标

油库全景仿真网络教学系统主要性能指标见表7-1。

表7-1　油库全景仿真网络教学系统主要性能指标

项　　目	主要性能指标
服务器硬件	ibm X3650M3 E5606 2.13 4C/1×4G 1.35V/M1015 Raid0，1(低)
	ibm X3650M3 E5620 2.44C/1×4G 1.35V/M1015 Raid0，1(中)
	ibm X3650M3 E5650 2.666C/2×4G1.35V/M1015 Raid0，1(较高)
	ibm X3850 X5 双 X4807 4×4G(高)
客户端硬件	处理器 Pentium 233MHz 或更高频率的处理器；推荐使用 Pentium 4
	操作系统 Microsoft Windows 2000 SP3 或更高版本，或者使用 WindowsXP 或更高版本(推荐)

项　　目	主要性能指标
客户端硬件	内存 512MBRAM（最低）；1GRAM（推荐）
	磁盘空间 600MB，其中安装操作系统的硬盘上必须具有 1G 的可用磁盘空间。硬盘空间使用量随配置的不同而不同
	显示器 VGA（800×600）或更高分辨率，256 色
浏览器插件要求	需要 9.0.28 以上版本的 flash 播放器

第二节　油库三维仿真系统

一、系统概述

油库三维仿真系统（图 7-2）是基于虚拟现实的三维交互模拟系统，可代替实物沙盘；以全新的三维视觉模式用于油库业务基础数据的管理和分析；可与油库其他系统集成，实现信息系统三维集成，作为可视化油库的实现手段；可与物联网技术融合，拓展为网管理新视野。目前在部分非商业油库投入使用，系统实用、稳定、先进。

二、技术原理

油库三维仿真系统综合运用系统工程、油库技术与管理理论、虚拟现实技术（VR）、地理信息系统（GIS）、网络技术、数据库技术、软件工程技术等，真实再现油库三维全貌，用户像进入第一人称游戏一样，通过鼠标、键盘、游戏杆等操作方式在油库三维逼真场景中自由漫游，从而学习油库的组成、区划、建筑形式、作业管理、安全防范等诸多业务；本系统也能对油库收储发业务、工艺流程、技术管理、地形地貌量算及应急预案等内容进行模拟及训练，真正实现三维交互。

三、功能特点

油库三维仿真系统功能特点如下。

（1）油库三维全貌场景及主要设备设施真实感强、逼真度高。

（2）用户可随时查询、增加、修改、删除主要设备设施的数据。

（3）油库收发油过程可按实际操作过程进行动态模拟展示。

（4）具有网络化、可视化管理和远程教学功能。

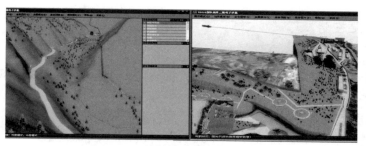

(a)油库局部及总体航拍图

(b)油库局部作业区和半地下罐及库房图

(c)油库总图及清点记录

(d)油库铁路收发及零发油亭

图7-2 油库三维仿真系统

（5）训练科目和内容全面、具体。

（6）系统稳定性、维护性、移植性、扩充性强。

四、主要性能

油库三维仿真系统的主要性能如下。

（1）油库三维全貌场景漫游。提供人机交互或自动方式，真实再现油库三维全貌，可在三维场景中自由行走。

（2）油库隐蔽场景展示。可直观、形象、真实地展示洞库、库房、泵房、地下管网等隐蔽场景的情况及其与地上建筑物（构筑物）之间的位置关系。

（3）三维场景快速定位和导航。通过导航图，能够快速定位到所需场景处。

（4）油库设备设施数据查询、编辑。可实时查询、统计、修改、删除油库三维场景中各种设备设施的模型和相关数据。

（5）地形量算。查询地理坐标和海拔高度以及进行距离、面积、体积的测量。

（6）油库业务图表展示。展示油库常用的业务图表。

（7）可生成各种预案。生成油库常用的 16 个预案。

第三节　油库标准作业程序训练与考核系统

油库标准作业程序训练与考核系统（图 7-3）是实现油库油料收发作业和油料装备操作使用模拟化、仿真化，以及油库各专业人员业务知识技能网上训练与考核，有利于规范油库专业人员实际操作技能，提升油库保障能力。

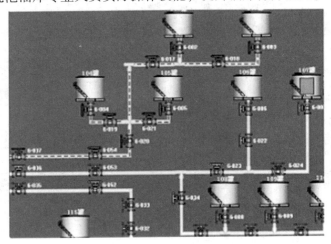

图 7-3　油库标准作业程序训练与考核系统

一、技术原理

采用先进的虚拟现实可视化技术，以油库为原型，建立虚拟油库的实际三维实体模型。

二、功能特点

训练过程完整真实，贴近油库实际训练操作；操作简单，使用方便；系统环境适应性好，无需受地域、时间的限制，还可以反复训练同一项目，直到完全掌握操作为止。

三、主要性能

油库标准作业程序训练与考核系统主要性能如下。

（1）针对虚拟油库中的相关油料设施设备模型，采用先进的虚拟现实技术实现对这些模型的交互操作，完成对油库各种收发油业务全过程的模拟训练，达到使受训人员熟悉和掌握油库收发油作业业务流程的目的。

（2）建立主要油料装备的真实三维模型，采用先进的虚拟现实技术实现对这些模型的交互操作，完成油料装备准备、展开、保障、撤收全过程的模拟训练，并通过复杂的数据结构和程序结构对用户的操作进行记录、评估，达到训练目的和效果。

第四节　油库消防预案演示系统

油库消防预案演示系统（图7-4）可用于辅助平时的消防训练，把重点部位的三维全景、文字说明、场所3D鸟瞰集合为一体制作出交互式的三维可视化预案，可不到现场就能清楚看到重点部位真实场景和场所的三维结构，提高了演练的效率。本系统还可通过可视化的三维预案进行远程指挥。

一、技术原理

采用实景虚拟、数字地图的形式，模拟真实库区内消防器材配置、消防管线走向、消防栓具体位置等消防设备设施情况，将消防预案中所有内容可视化展现出来，达到平时可进行训练，遇有情况可依案行动的目的。

二、功能特点

油库消防预案演示系统功能特点如下。

图 7-4　油库消防预案演示系统

（1）设计合理，技术先进。

（2）使用方便、安全、准确无误。

（3）信息化程度高。

三、主要性能

油库消防预案演示系统主要性能如下。

（1）采用 Fly VR 软件开发系统。

（2）使用 SQL 数据库存放所有资源信息，统一管理。

（3）采用 Java 技术，在信息中心发布数据信息，通过网络平台在 Web 网页中检索、查看预案和组织训练。操作简洁，快速方便。

参 考 文 献

[1] 税爱社，方卫红. 油料储运自动化系统[M]. 北京：中国石化出版社，2008.

[2] 孟凡芹，赵鹏程. 油库仪表与自动化[M]. 北京：中国石化出版社，2008.

[3] 总后油料部. 油库技术与管理手册[M]. 上海：上海科学技术出版社，1997.

[4]《油库管理手册》编委会. 油库管理手册[M]. 北京：石油工业出版社，2010.

编 后 记

20 年前，我和老同学范继义曾参加《油库技术与管理手册》一书的编写，2012 年我们两个老战友、老同学、老同乡、"老油料"，人老心不老，在新的挑战面前不服老，不谋而合地提出合编《油库业务工作手册》。两人随即进行资料收集，拟定编写提纲，并完成部分章节的编写，正准备交换编写情况并商量下一步工作时，范继义同志不幸于 2013 年 6 月离世。范继义的离世，我万分悲痛，也中断了此书的编写。

范继义同志是原兰州军区油料部高级工程师。他一生致力于油料事业，对油库管理，特别是油库安全管理造诣很深，参加了军队多部油库管理标准的制定，编写了《油库设备设施实用技术丛书》《油库安全工程全书》《油库技术与管理知识问答》《油库安全管理技术问答》《油库加油站安全技术与管理》《油库千例事故分析》《加油站百例事故分析》《油罐车行车及检修事故案例分析》《加油站事故案例分析》等图书。他的离世是军队油料事业的一大损失，我们将永远牢记他的卓越贡献。

范继义同志走后，我本想继续完成《油库业务工作手册》的编写，但他留下的大量编写《油库业务工作手册》素材的来源、准确性无法确定及他编写的意图很难完全准确理解，所以只好放弃继续完成这本巨著。但是其中很多素材是非常有价值的，再加上自己完成的部分书稿和积累的资料和调研成果，于是和石油工业出版社副总编辑章卫兵、首席编辑方代煊一起策划了《油库技术与管理系列丛书》。全套丛书共 13 个分册，从油库使用与管理者实际工作需要出发，收集了国内外油库管理及建设的新知识、新技术、新工艺、新标准、新设备和新材料，总结了国内油库管理的新经验和新方法，涵盖了油库技术与业务管理的方方面面。希望这套丛书能为读者提供有益的帮助。

马秀让

2016. 9